华枝睾吸虫

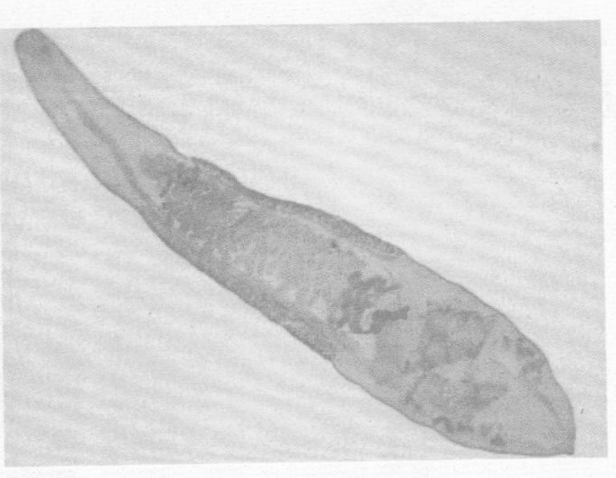

后睾吸虫

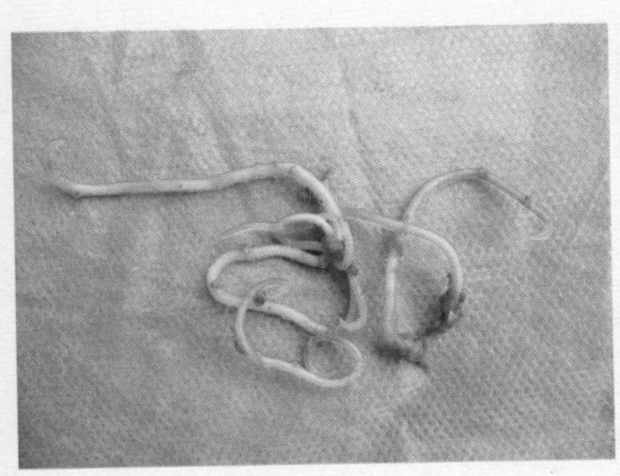

蛔虫（成虫）

绦虫（成虫）

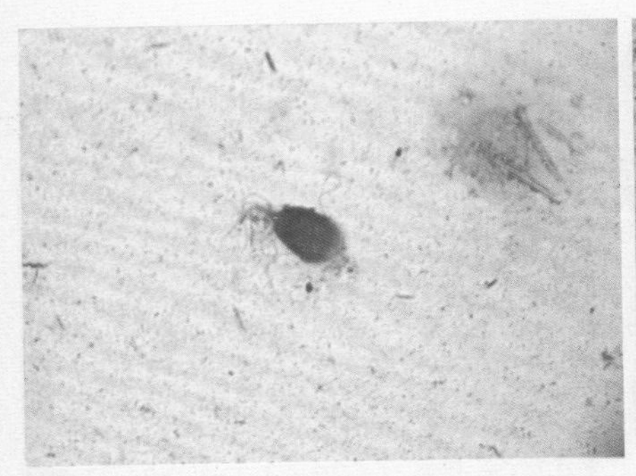

六鞭滴虫（姬姆萨氏染色后）

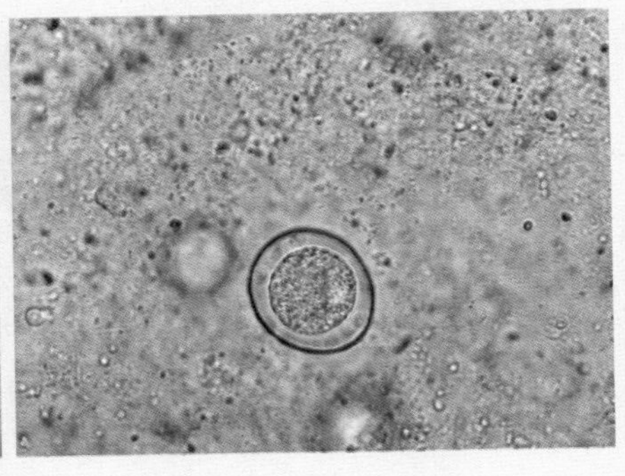

犬球虫

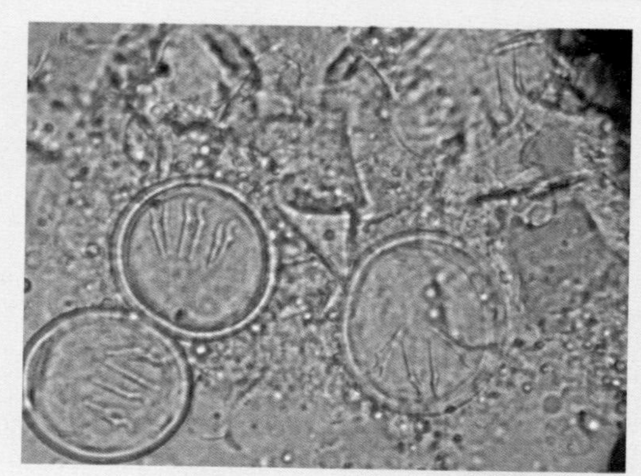

绦虫卵内六钩蚴

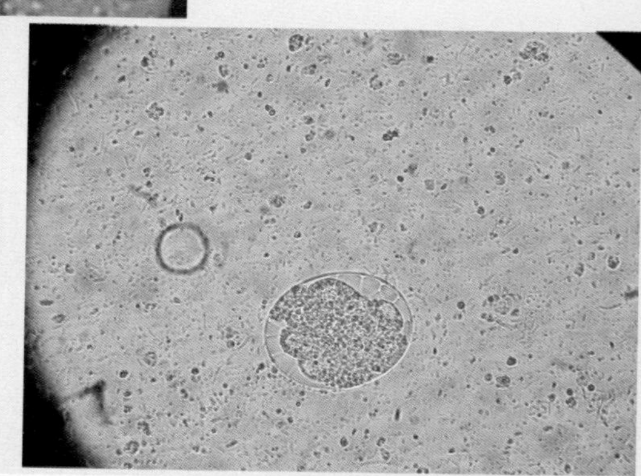

犬钩虫卵

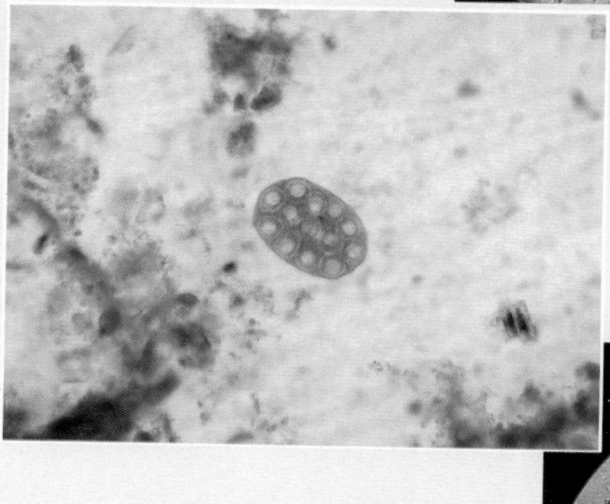

犬复孔绦虫卵囊

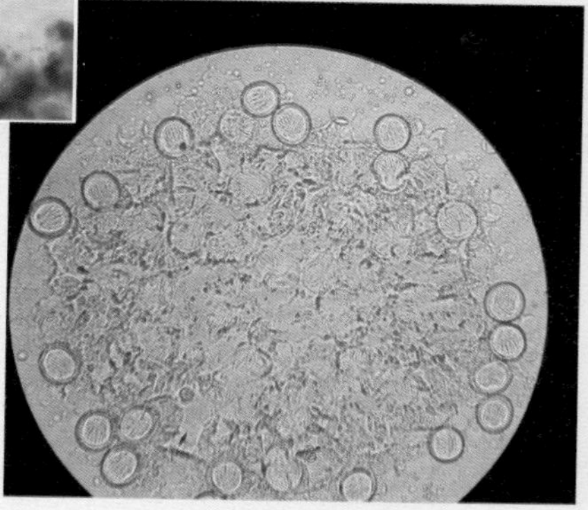

绦虫卵囊破裂

蚤

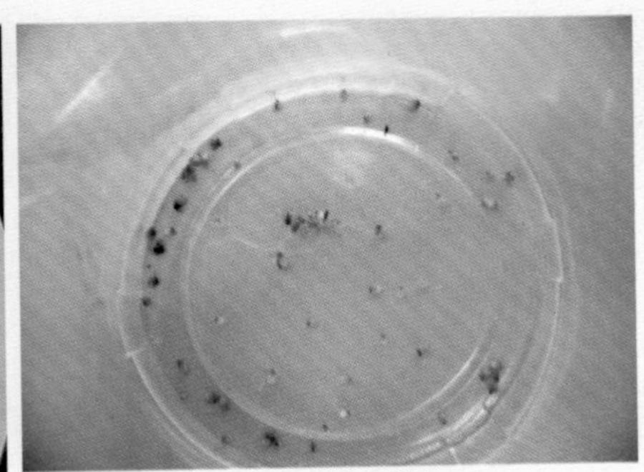

收集的扁虱

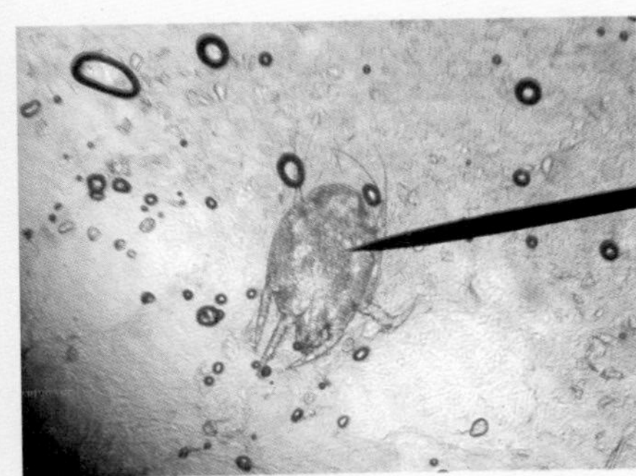

耳螨（成虫）

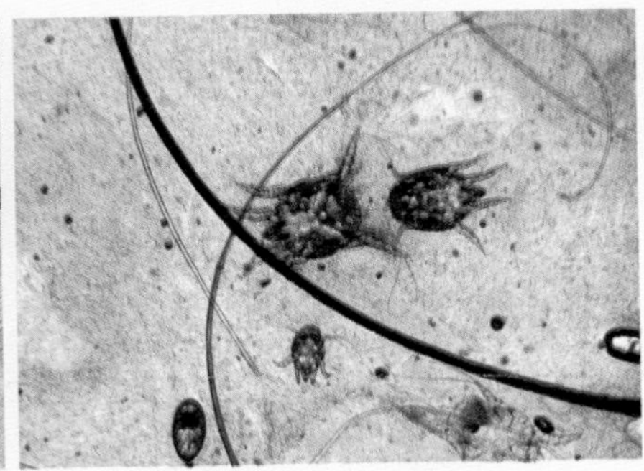

犬疥螨的成虫、幼虫和虫卵

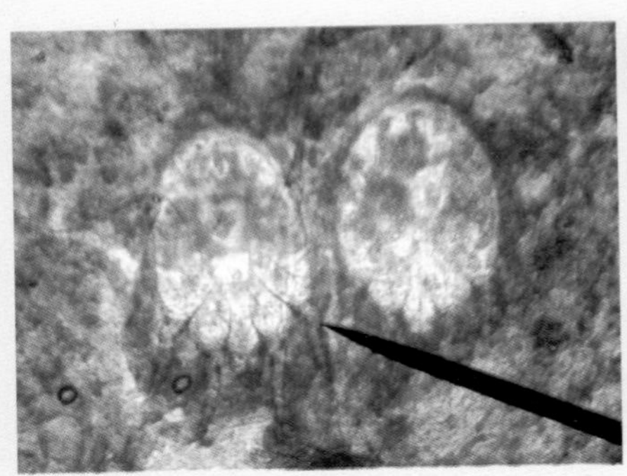

猫耳螨

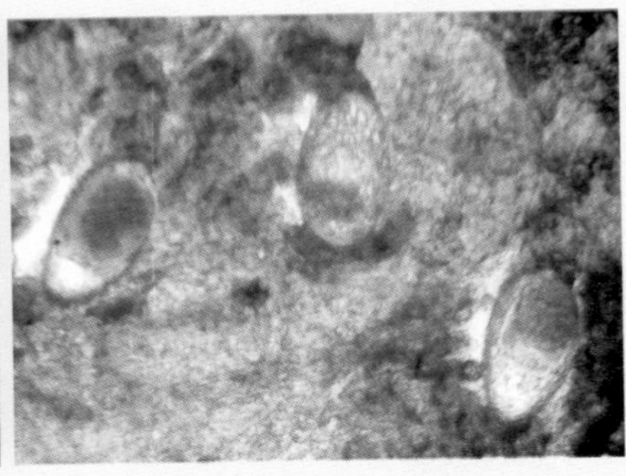

耳螨（卵）

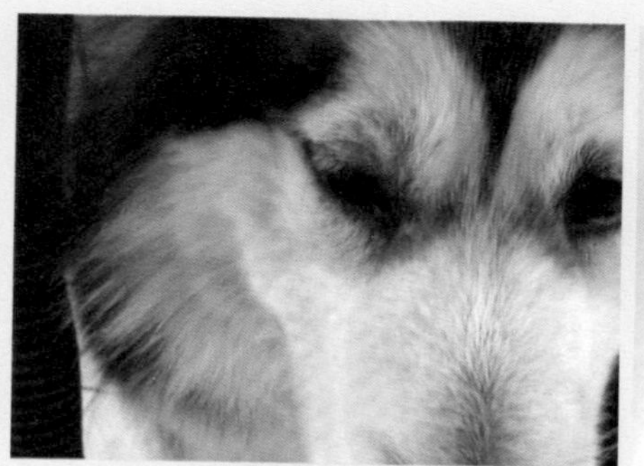

蠕形螨病（右眼睑周围）

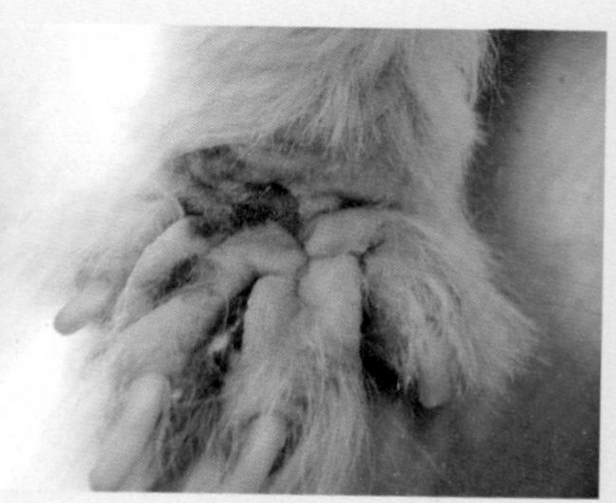

蠕形螨病（脚趾脱毛，
大量皮脂样分泌物）

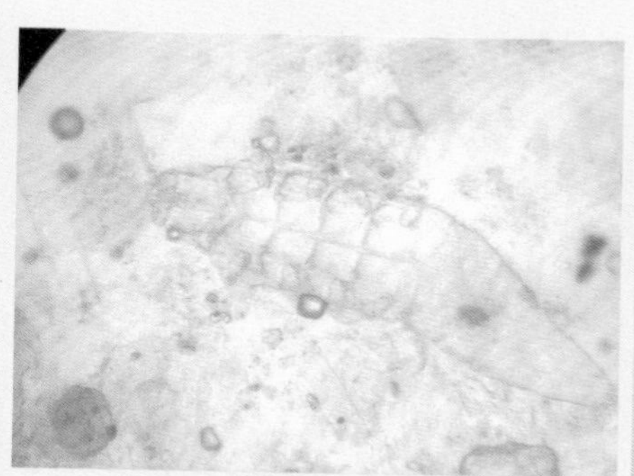

蠕形螨（成虫）

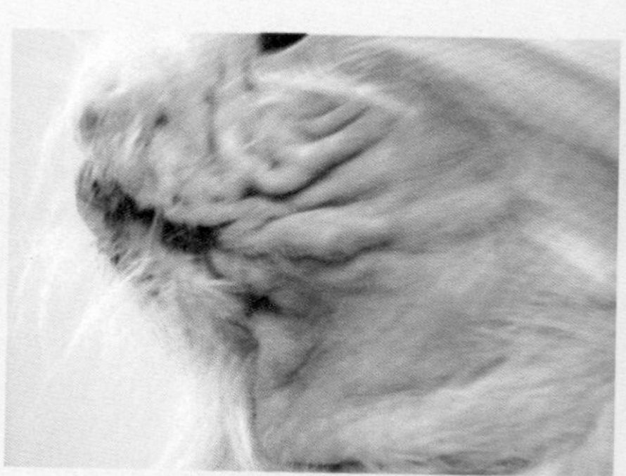

头颈部脱毛、皮脂样分泌物

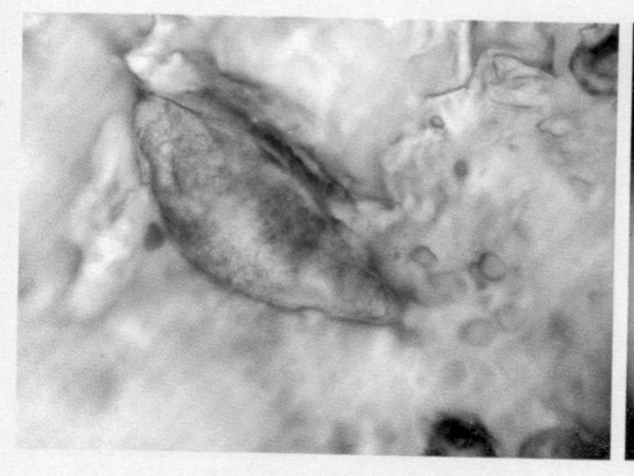

蠕形螨（卵）

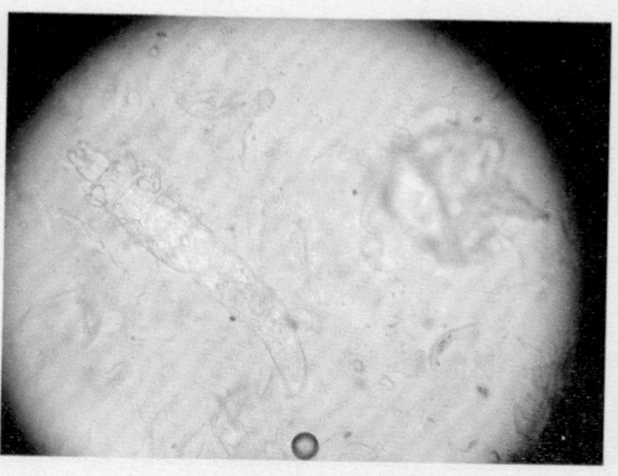

犬蠕形螨

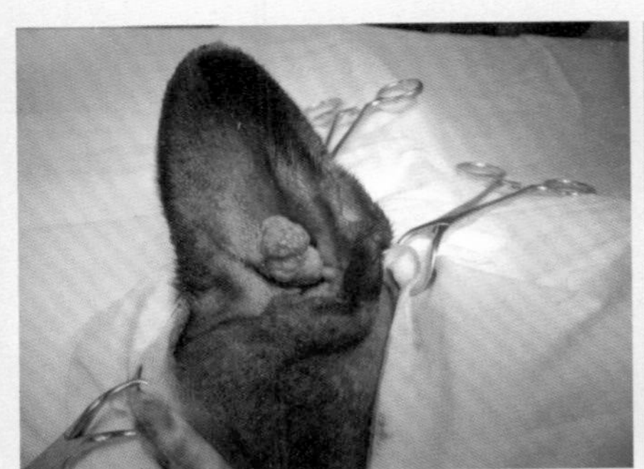

耳道增生

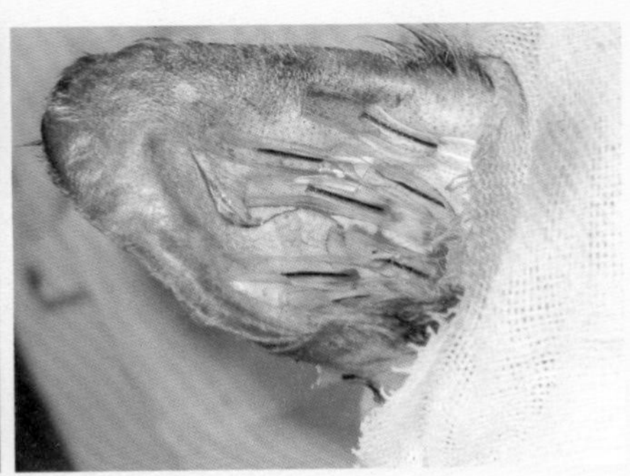

耳血肿（手术后）

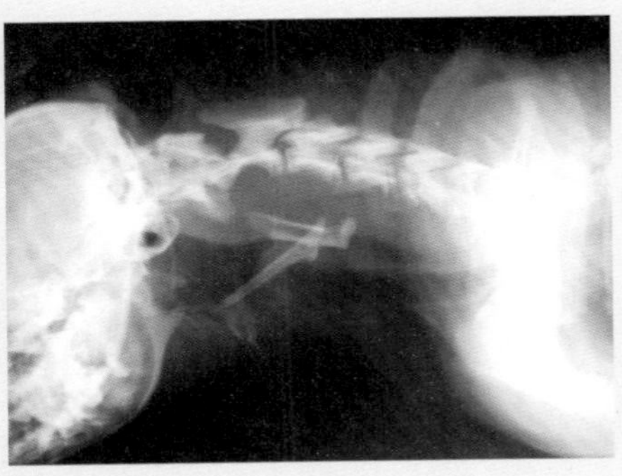

食管异物（取出前）

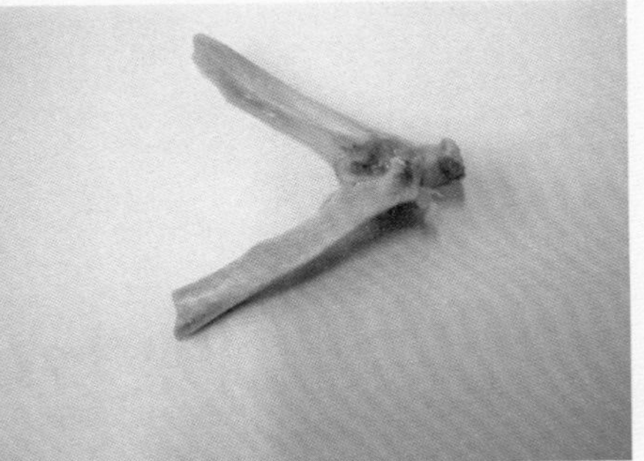

取出的食管异物

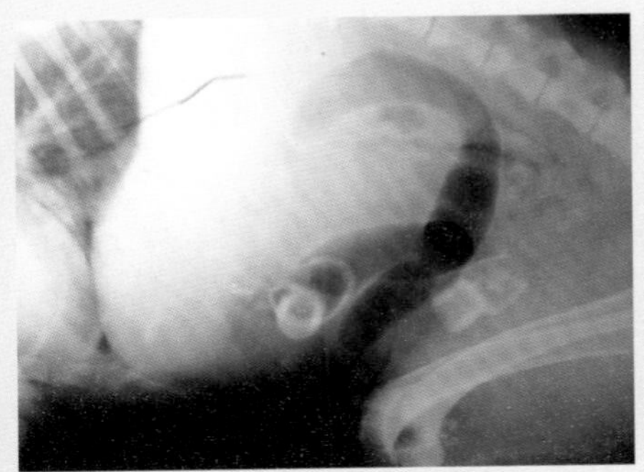

肠管异物（取出前）

取出的肠管异物

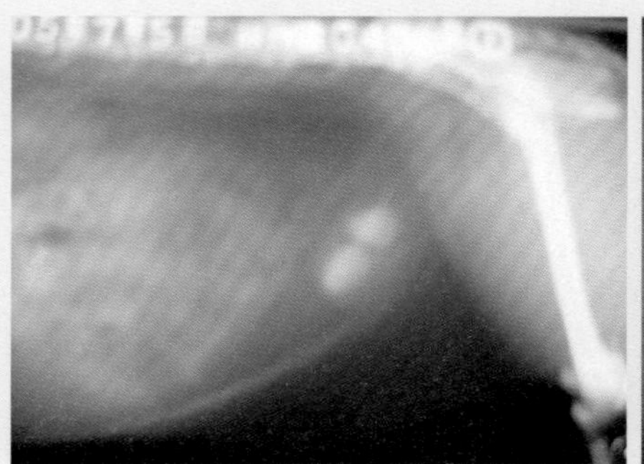

膀胱结石

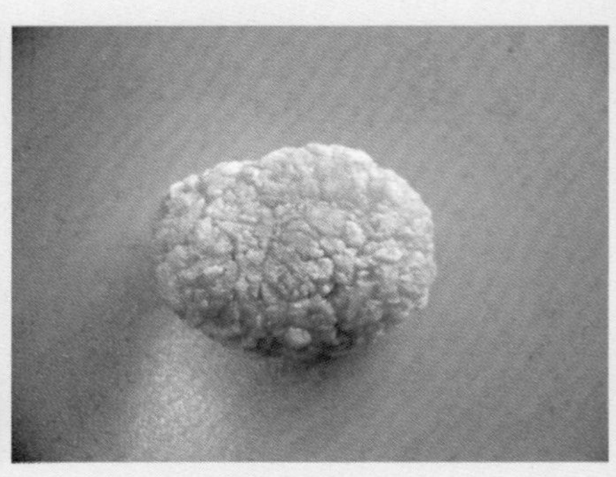

取出的膀胱结石

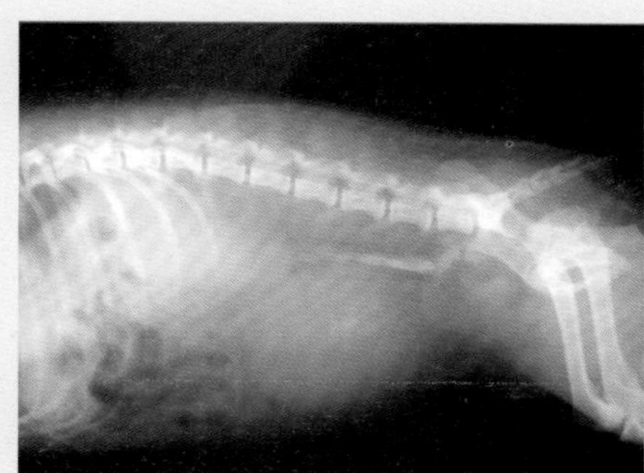

犬膀胱结石

取出的膀胱结石

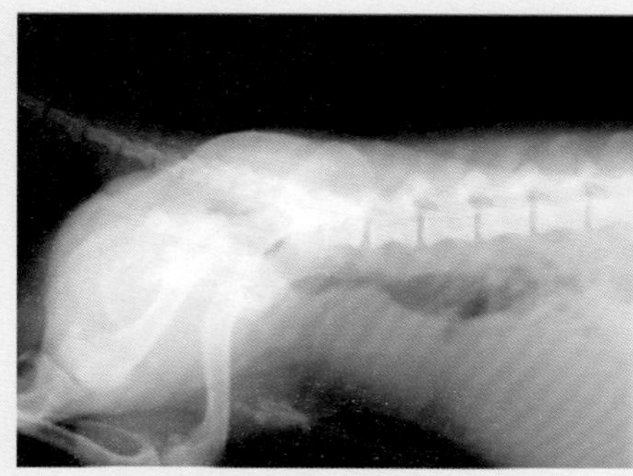

尿道结石

取出的尿道结石

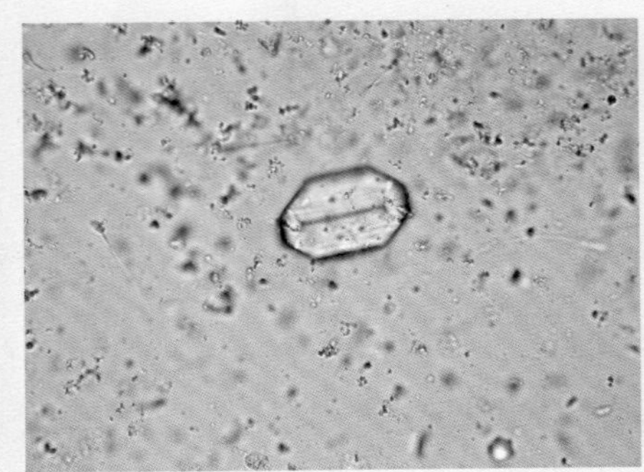

尿结晶

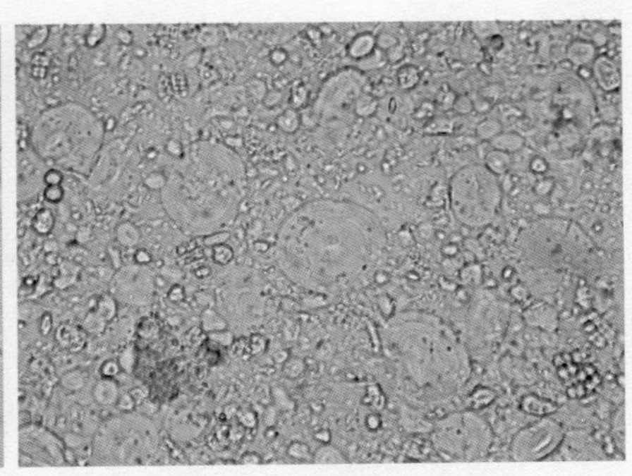

粪便中的淀粉颗粒

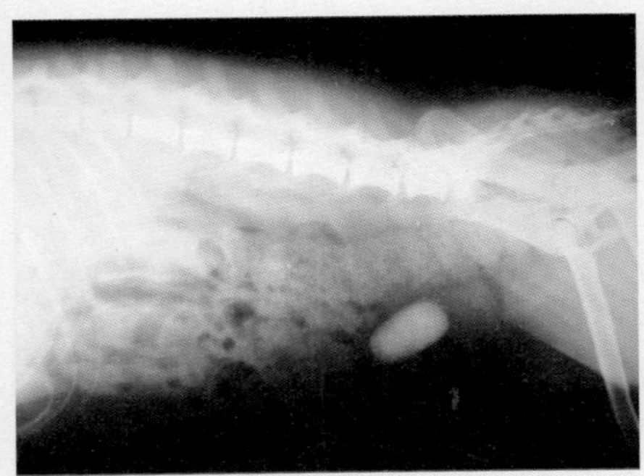

膀胱结石

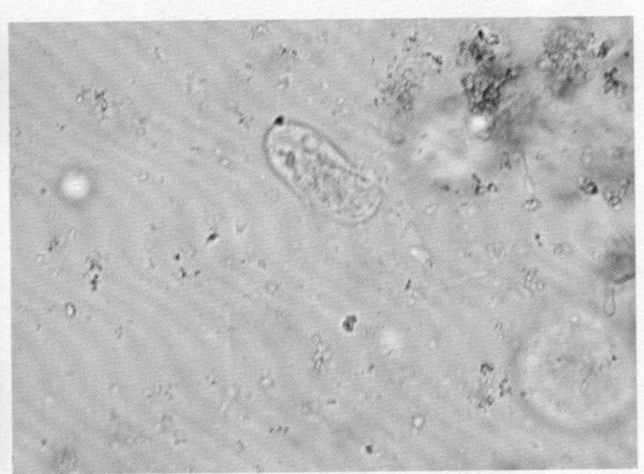

尿液中的颗粒管型

取出的膀胱结石

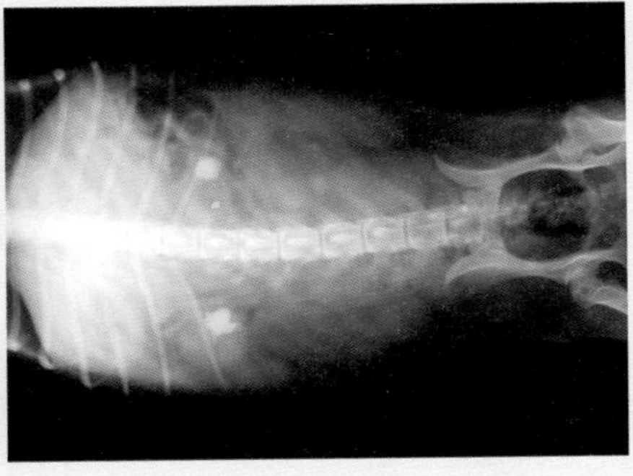

双肾结石

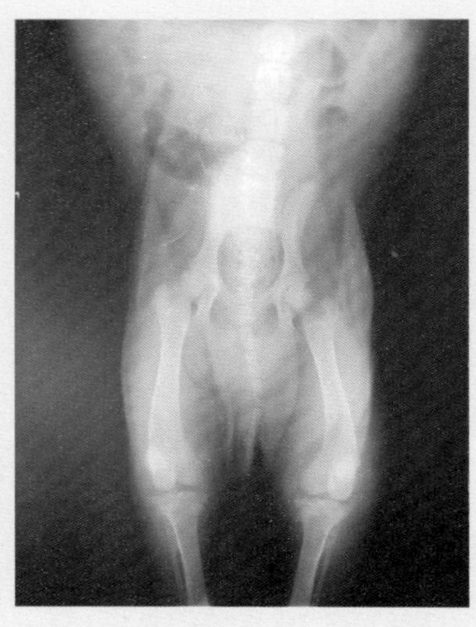

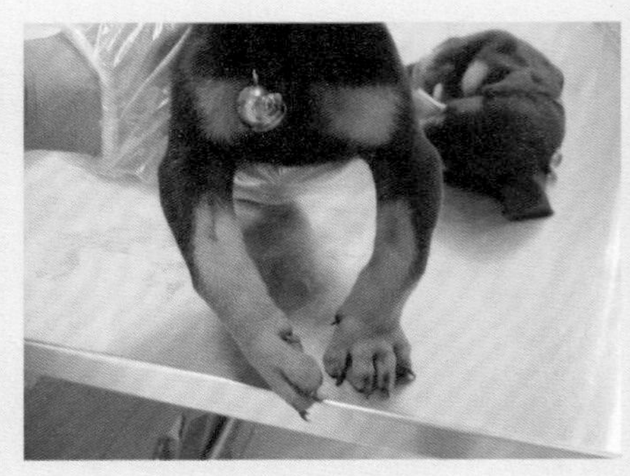

幼犬佝偻病

幼犬佝偻病（X线片显示骨皮质变薄，骨密度降低）

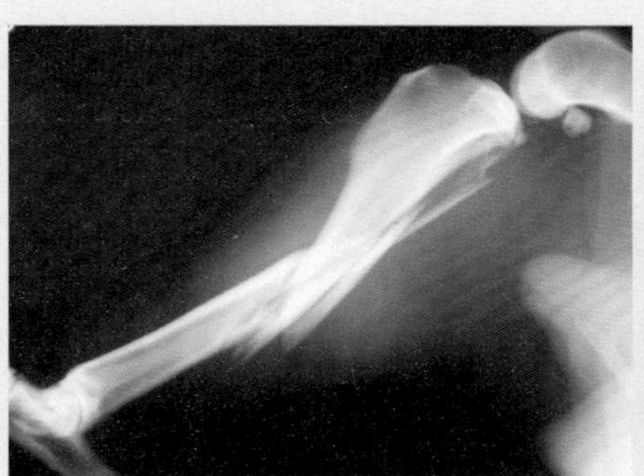

胫骨骨折

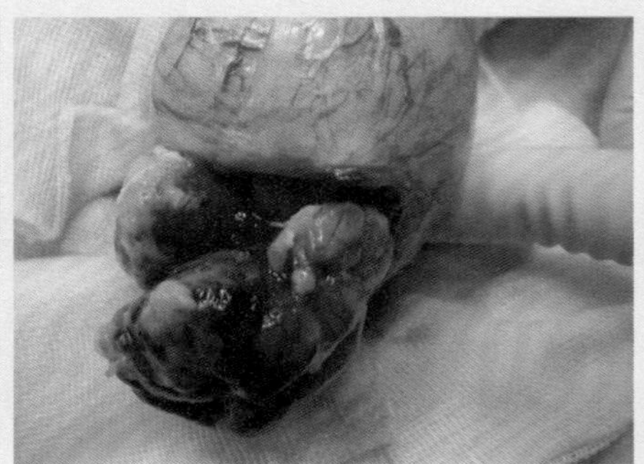

膀胱肿瘤

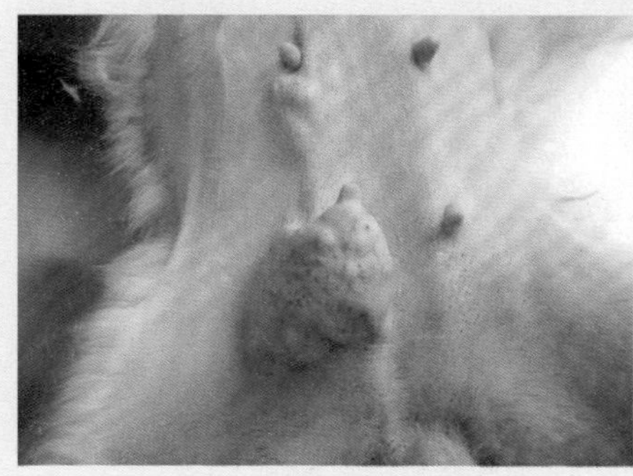

乳腺肿瘤

口腔肿瘤

宠物常见病病例分析

主　编

张红超　陈龙如

副主编

罗　毅　徐中英　李鹏伟　王汝都

编著者

（按姓氏笔画排列）

王春江　江明甫　朱金凤　刘中奇　闫民朝

孙书伟　李进杰　冷义厚　陈功义　陈福如

钱明珠　梁　楠　裴春普

金盾出版社

内 容 提 要

本书共分为9章，内容主要包括：宠物（犬、猫）常见疾病诊断思路，各种传染病、寄生虫病、内科病、外科病、产科病、营养代谢性疾病、皮肤病、中毒性疾病的诊断要点、治病方案和用药分析等。内容通俗易懂，科学性、实用性强，是宠物医师提高诊疗水平的工具书，适合宠物医师、宠物爱好者及相关院校师生阅读参考。

图书在版编目(CIP)数据

宠物常见病病例分析/张红超，陈龙如主编．— 北京 ：金盾出版社，2009.9(2019.3 重印)
ISBN 978-7-5082-5889-8

Ⅰ.①宠… Ⅱ.①张…②陈… Ⅲ.①观赏动物—动物疾病—诊疗 Ⅳ.①S858.93

中国版本图书馆 CIP 数据核字(2009)第 121038 号

金盾出版社出版、总发行
北京太平路5号(地铁万寿路站往南)
邮政编码：100036 电话：68214039 83219215
传真：68276683 网址：www.jdcbs.cn
北京印刷一厂印刷、装订
各地新华书店经销
开本：850×1168 1/32 印张：8.5 彩页：8 字数：200千字
2019年3月第1版第6次印刷
印数：20 001～23 000册 定价：25.00元

前　　言

随着社会的发展，人们生活水平的不断提高，城市居民追求精神生活的方式也在不断地发生变化，尤其是常年生活在城镇的居民把饲养宠物视为一种时尚，同时也把饲养宠物作为追求精神生活的一种形式，而且这种现象在近几年来普遍升温。

为了更好地为广大的宠物医师和宠物爱好者服务，笔者组织近 10 位在一线临床工作的宠物医师和科研工作者编写此书，旨在丰富和提高宠物医师的医疗水平和临床经验；同时，也为广大的宠物爱好者提供一本实用的参考书。

本书所指宠物主要是犬、猫，内容涉及宠物疾病的诊断思路、宠物传染病、宠物寄生虫病、宠物内科疾病、宠物外科疾病、宠物产科疾病、宠物营养代谢性疾病、宠物皮肤病、宠物中毒性疾病等。每个疾病在简单介绍其概念、特征的基础上，都包括了临床症状、诊断要点、治疗方案、要点总结四项内容，绝大多数疾病同时也加入了用药分析部分，内容通俗易懂，科学性、实用性强，是宠物医师和广大宠物爱好者理想的工具书。

本书不但适用于宠物医师，而且也可用作大、中专院校畜牧兽医类专业学生的参考用书。

在编写过程中，虽然编著者们尽了最大努力，力求使其中的内容能够反映当代宠物临床治疗技术的现状和发展水平，但因知识结构和经验有限，难免有诸多疏漏之处，恳请广大读者与同仁赐教，使之日臻完善，更好地为广大宠物医师和宠物爱好者服务。

编　者

2009 年 6 月

目　录

第一章　宠物常见疾病诊断思路 ………………………………… (1)
一、系统诊断思路 ………………………………………………… (1)
(一)消化系统疾病诊断……………………………………………… (1)
(二)呼吸系统疾病诊断……………………………………………… (2)
(三)泌尿生殖系统疾病诊断………………………………………… (3)
(四)心血管系统疾病诊断…………………………………………… (4)
(五)运动系统疾病诊断……………………………………………… (5)
(六)神经系统疾病诊断……………………………………………… (5)
二、症状诊断思路 ………………………………………………… (6)
(一)发热……………………………………………………………… (7)
(二)呼吸困难………………………………………………………… (8)
(三)咳嗽……………………………………………………………… (9)
(四)贫血 …………………………………………………………… (10)
(五)呕吐 …………………………………………………………… (11)
(六)急腹症 ………………………………………………………… (12)
(七)腹泻 …………………………………………………………… (14)
(八)尿闭 …………………………………………………………… (15)
(九)昏迷 …………………………………………………………… (16)
(十)瘫痪 …………………………………………………………… (17)
(十一)红尿 ………………………………………………………… (18)
第二章　宠物传染病 …………………………………………… (20)
一、犬瘟热………………………………………………………… (20)
二、犬细小病毒病………………………………………………… (26)

三、犬传染性肝炎……………………………………………(34)
四、犬冠状病毒感染…………………………………………(37)
五、犬轮状病毒感染…………………………………………(39)
六、犬疱疹病毒感染…………………………………………(41)
七、犬传染性喉气管炎………………………………………(42)
八、犬传染性气管支气管炎…………………………………(44)
九、犬副流感病毒感染………………………………………(46)
十、狂犬病……………………………………………………(48)
十一、猫瘟热…………………………………………………(49)
十二、猫传染性鼻气管炎……………………………………(51)
十三、猫杯状病毒病…………………………………………(52)
十四、猫肠管冠状病毒病……………………………………(54)
十五、猫白血病………………………………………………(55)
十六、猫传染性腹膜炎………………………………………(57)
十七、犬钩端螺旋体病………………………………………(58)
十八、犬附红细胞体病………………………………………(60)
十九、破伤风…………………………………………………(62)
二十、结核病…………………………………………………(63)
二十一、肉毒梭菌毒素中毒…………………………………(64)
二十二、放线菌病……………………………………………(66)
二十三、布氏杆菌病…………………………………………(68)
二十四、皮肤真菌病…………………………………………(69)
二十五、隐球菌病……………………………………………(71)
二十六、念珠菌病……………………………………………(72)
第三章　宠物寄生虫病 ……………………………………(74)
一、蛔虫病……………………………………………………(74)
二、钩虫病……………………………………………………(76)
三、犬心丝虫病………………………………………………(77)

四、旋毛虫病……………………………………………………………（79）
五、食管虫病……………………………………………………………（81）
六、眼虫病………………………………………………………………（82）
七、鞭虫病………………………………………………………………（83）
八、犬绦虫病……………………………………………………………（84）
九、肝吸虫病……………………………………………………………（86）
十、弓形虫病……………………………………………………………（87）
十一、犬球虫病…………………………………………………………（89）
十二、犬巴贝斯虫病……………………………………………………（90）
十三、利什曼原虫病……………………………………………………（92）
十四、隐孢子虫病………………………………………………………（93）
十五、疥螨病……………………………………………………………（94）
十六、犬耳痒螨病………………………………………………………（95）
十七、犬蠕形螨病………………………………………………………（97）
十八、虱病………………………………………………………………（98）
十九、蚤病………………………………………………………………（99）
二十、犬蜱病 …………………………………………………………（100）
第四章　宠物内科疾病……………………………………………（102）
一、口炎 ………………………………………………………………（102）
二、胃肠炎 ……………………………………………………………（104）
三、肠梗阻 ……………………………………………………………（106）
四、巨结肠症 …………………………………………………………（108）
五、胰腺炎 ……………………………………………………………（109）
六、便秘 ………………………………………………………………（111）
七、感冒 ………………………………………………………………（113）
八、支气管炎 …………………………………………………………（114）
九、肺炎 ………………………………………………………………（116）
十、心肌炎 ……………………………………………………………（118）

十一、急性心力衰竭 …………………………………………(120)
十二、过敏 ………………………………………………(122)
十三、糖尿病 ……………………………………………(123)
十四、日射病和热射病 ……………………………………(125)
十五、猫脂肪肝综合征 ……………………………………(127)
十六、异嗜癖 ……………………………………………(128)
十七、急性肝炎 …………………………………………(129)
十八、肝性脑病 …………………………………………(131)
十九、脑炎 ………………………………………………(132)
二十、癫痫 ………………………………………………(133)
二十一、犬多发性神经炎 …………………………………(135)
二十二、尿道炎 …………………………………………(136)
二十三、膀胱炎 …………………………………………(138)
二十四、肾炎 ……………………………………………(139)
二十五、肾功能衰竭 ………………………………………(141)
二十六、腹膜炎 …………………………………………(143)
二十七、腹水症 …………………………………………(145)
二十八、犬白内障 …………………………………………(147)
二十九、青光眼 …………………………………………(148)
三十、风湿性关节炎 ………………………………………(150)
第五章 宠物外科疾病……………………………………(152)
一、脓肿 …………………………………………………(152)
二、创伤 …………………………………………………(153)
三、烧伤 …………………………………………………(156)
四、淋巴外渗 ……………………………………………(158)
五、黏液囊炎 ……………………………………………(160)
六、耳血肿 ………………………………………………(161)
七、第三眼睑腺增生 ………………………………………(163)

八、泪道堵塞 …………………………………………………… (164)
九、结膜炎 …………………………………………………… (166)
十、角膜炎 …………………………………………………… (168)
十一、眼睑内翻 …………………………………………………… (170)
十二、眼睑外翻 …………………………………………………… (171)
十三、眼球脱出 …………………………………………………… (172)
十四、外耳炎 …………………………………………………… (174)
十五、尿石症 …………………………………………………… (175)
十六、骨折 …………………………………………………… (178)
十七、关节脱位 …………………………………………………… (180)
十八、椎间盘突出 …………………………………………………… (181)
十九、脐疝 …………………………………………………… (183)
二十、髋关节发育不良 …………………………………………………… (184)
二十一、肛门腺炎 …………………………………………………… (186)
二十二、直肠脱出 …………………………………………………… (188)
二十三、趾间囊肿 …………………………………………………… (189)
第六章　宠物产科疾病 …………………………………………………… (191)
一、阴道炎 …………………………………………………… (191)
二、阴道增生 …………………………………………………… (192)
三、子宫内膜炎 …………………………………………………… (193)
四、子宫蓄脓 …………………………………………………… (195)
五、子宫脱出 …………………………………………………… (196)
六、卵巢囊肿 …………………………………………………… (197)
七、假孕 …………………………………………………… (199)
八、难产 …………………………………………………… (200)
九、乳腺肿瘤 …………………………………………………… (201)
十、产后抽搐症 …………………………………………………… (202)
十一、乳房炎 …………………………………………………… (203)

十二、产后败血症 …………………………………………………… (205)
十三、睾丸炎 …………………………………………………………… (206)
第七章　宠物营养代谢性疾病 ………………………………………… (208)
一、低血糖症 …………………………………………………………… (208)
二、维生素 A 过多症 …………………………………………………… (209)
三、佝偻病 ……………………………………………………………… (211)
四、肥胖症 ……………………………………………………………… (212)
五、蛋白质缺乏症 ……………………………………………………… (213)
第八章　宠物皮肤病……………………………………………………… (215)
一、湿疹 ………………………………………………………………… (215)
二、皮炎 ………………………………………………………………… (216)
三、脓皮病 ……………………………………………………………… (217)
四、过敏性皮炎 ………………………………………………………… (219)
五、脱毛症 ……………………………………………………………… (220)
第九章　宠物中毒性疾病………………………………………………… (222)
一、有机磷农药中毒 …………………………………………………… (222)
二、抗凝血杀鼠药中毒 ………………………………………………… (224)
三、有机氟中毒 ………………………………………………………… (225)
四、亚硝酸盐中毒 ……………………………………………………… (227)
五、砷中毒 ……………………………………………………………… (228)
六、铅中毒 ……………………………………………………………… (230)
七、洋葱中毒 …………………………………………………………… (231)
八、食物中毒 …………………………………………………………… (233)
九、食盐中毒 …………………………………………………………… (234)
十、黄曲霉毒素中毒 …………………………………………………… (236)
十一、伊维菌素中毒 …………………………………………………… (237)
十二、巴比妥类药物中毒 ……………………………………………… (238)
十三、氨基糖苷类抗生素中毒 ………………………………………… (240)

十四、感冒药中毒 …………………………………………… (242)
十五、阿托品类药物中毒 ………………………………… (243)
参考文献……………………………………………………… (245)

第一章 宠物常见疾病诊断思路

一、系统诊断思路

(一)消化系统疾病诊断

消化系统疾病诊断主要包括口腔、咽、食管、胃、肠、肝脏、胰腺等疾病的诊断。

1. 口腔、咽、食管疾病的诊断

(1)口腔疾病　大量流涎、采食障碍和咀嚼障碍等表现,口腔检查有红、肿、热、痛表现。

(2)咽部疾病　吞咽障碍,头颈伸直,运动不灵活,并见咽部隆起,采食时有水和食物从口、鼻中喷出,触诊局部明显肿胀,局部增温,并有热痛和咳嗽反应。

(3)食管疾病　多有咽下障碍,多次吞咽动作后,食物和水从口鼻反流。食管阻塞时局部局限性膨胀,触诊可摸到阻塞物,胃管探查也可触及阻塞物;食管炎时,触诊发炎部位敏感、疼痛,胃管插至发炎部位时表现不安;食管痉挛时,在食管沟处能看到食管痉挛性收缩的波动,触诊食管如索状,痉挛发作时胃管不能插入;食管麻痹时,胃导管插入过程中,食管肌缺乏阻力,有空虚感;食管扩张时,胃导管能顺利通过到达胃部,但有时只能插入到肿大的盲囊或憩室内,不能继续通过。

2. 胃肠疾病的诊断

(1)胃部疾病　急性胃扩张时可在两侧肋下部摸到胀满、坚实的胃;胃内有异物时胃部触诊疼痛反应明显,有时在肋下部可摸到胃内异物,通过X线检查可看到异物;胃扭转时,腹部触诊可摸到1个紧张的球状囊袋。

(2)肠管疾病 胃肠炎时,呕吐、腹泻、腹痛,肠蠕动音增强,迅速脱水;肠便秘时,反复努责,屡呈排粪状,仅排出少量有血液或黏液液体,触摸肠管内有串珠状坚实或坚硬粪团;肠梗阻时,腹痛、腹胀、呻吟,排粪停止,触诊肠管内有坚实的异物团块,前端肠管胀气,X线造影可见造影剂完全停滞于梗阻的前方;肠套叠时,呕吐、腹痛、血便,触诊时摸到肠管有如腊肠样、弹性增强的圆柱状肠段;直肠炎或肛门腺炎时,里急后重,不断做排粪姿势,大便困难等。

3. 肝脏、胰腺疾病的诊断

(1)肝炎 表现为黄疸,消化紊乱,粪便干稀不定,有恶臭,肝区触诊敏感,叩诊浊音;血液生化检查,谷-草、谷-丙转氨酶活性均升高。

(2)胰腺炎 表现为上腹部右侧疼痛,采食或饮水时加剧,呈祈祷姿势,血清淀粉酶活性升高,血尿素氮增多,B超检查,胰腺肿大增厚,X线检查上腹部密度增加。

(二)呼吸系统疾病诊断

呼吸系统疾病诊断主要包括上呼吸道、下呼吸道、肺脏、胸膜等疾病的诊断。

1. 上呼吸道疾病的诊断 鼻液对呼吸器官疾病的诊断具有重要意义。一侧流鼻液为一侧鼻腔炎症,双侧性鼻液是喉以下器官发生病变的症状。鼻液中混有食物和唾液是咽和食管疾病症状,如咽炎,食管阻塞。鼻液中混有气泡,见于肺水肿、慢性支气管炎。血液性鼻液,呈不同程度的红色,多是呼吸道黏膜损伤和肺出血。铁锈色鼻液见于大叶性肺炎。鼻液为无色透明水样,是呼吸道黏膜急性炎症的初期或感冒症状。黏液性鼻液是呼吸道黏膜急性炎症的中期症状。喉部肿胀、咳嗽，触诊敏感，见于喉的疾病。

2. 支气管、肺、胸膜疾病的诊断

（1）支气管炎 表现为咳嗽、流鼻液，胸部听诊支气管有啰音，胸部叩诊无变化，肺部X线检查有较粗纹理的支气管阴影。

（2）肺炎 表现为咳嗽，流鼻液，肺泡呼吸音减弱或消失，出现病理性呼吸音，肺部叩诊有局限性或大片浊音区，X线检查，肺部广泛性阴影，全身症状严重，血常规检查白细胞增多，核左移或右移。

（3）胸膜炎 病犬呈腹式呼吸，无鼻液，咳嗽少，胸壁触诊敏感，叩诊水平浊音，听诊时随呼吸节律出现摩擦音且肺泡呼吸音消失，胸腔穿刺有大量渗出液，其中富含纤维蛋白凝块。

（三）泌尿生殖系统疾病诊断

泌尿生殖系统疾病诊断主要包括肾脏、膀胱、尿道、公母犬生殖器官的诊断。

1. 肾脏疾病的诊断 通过肾脏外部触诊疼痛不安、拱背，摇尾现象可见于急性肾炎、肾脏及其周围组织发生脓性感染等。如感到肾肿胀，增大，压之敏感并有波动感时，提示肾盂肾炎、肾盂积水、化脓性肾炎等。肾脏质地坚硬，体积增大，表面粗糙不平，可提示肾硬化、肾肿瘤、肾脏及肾盂结石等。肾源性尿少或无尿，多见于各种慢性肾病引起的肾功能衰竭。

2. 膀胱尿道疾病诊断

（1）膀胱 触诊膀胱空虚，有压痛感，多提示膀胱炎；膀胱内有坚实的团块，提示膀胱结石或肿瘤。若团块在膀胱内游离性大，与膀胱壁无紧密联系为膀胱结石，若团块与膀胱壁相连，为膀胱肿瘤。触诊膀胱空虚，表现无尿，腹部膨大，腹腔穿刺可抽出有尿臭气味的液体，提示膀胱破裂。

（2）尿道 公犬、猫常见尿道异常变化是尿道结石，尿道插入导尿管时受阻。此外，还有尿道炎、尿道损伤、尿道阻塞等。尿道狭窄多因尿道损伤而形成瘢痕所致，也可能是不完全阻塞所致，排尿困难，尿流变细或呈滴沥状。

3. 生殖器官疾病诊断

(1)公犬、公猫生殖器官疾病　公犬、公猫包皮内流出白色脓性分泌物，常见于包皮发炎；阴囊肿胀，睾丸肿大，有热痛，见于睾丸炎、附睾炎、睾丸肿瘤等；阴茎脱垂见于神经麻痹。

(2)母犬、母猫生殖器官疾病　疼痛，努责，尾根翘起，时做排尿状但尿不多，阴门流出脓性污秽腥臭物见于阴道炎；阴道流出多量分泌物见于阴道炎和子宫炎；阴道分泌物恶臭见于子宫蓄脓；当阴道和子宫脱出时，可见阴门外有脱垂物；乳房检查，乳房潮红、肿胀、硬实、温热、疼痛时，见于乳房炎。

(四)心血管系统疾病诊断

心血管系统疾病诊断主要通过对心脏和脉搏进行诊断。

1. 心脏的诊断

(1)心音增强　第一心音增强常见于发热性疾病、贫血、脱水、心内膜炎及某些中毒；第二心音增强见于肾炎、肺气肿、肺炎等；两个心音均增强见于兴奋或运动、发热初期、疼痛及贫血等。

(2)心音减弱　第一心音减弱较少见，只是在心肌炎、心肌变性及心脏扩张时见到；第二心音减弱是临床中常见的变化，见于大失血、高度心力衰竭、休克、虚脱及心动过速等，是心脏衰弱的重要特征；两心音同时减弱见于一切心脏收缩力减弱的病理过程中，如渗出性心包炎、渗出性胸膜炎、胸腔积水、重度肺气肿等；顽固性心律失常提示心肌损伤，常见于心肌营养不良或变性，心肌炎症、贫血、长期发热、中毒等病。

2. 脉搏的诊断

(1)脉搏增强　脉搏强而有力称为大脉，见于热性病的初期、心脏肥大或心功能亢进等。

(2)脉搏减弱　脉搏弱而无力称为小脉,是心力衰竭的特征,见于心脏衰弱、热性病和中毒病的后期。

(3)节律失常　脉搏节律失常是心律失常的直接后果,诊断意义与心律失常相同。

(五)运动系统疾病诊断

运动系统疾病诊断主要是根据患病宠物的行走姿势和状态,结合触诊、叩诊等诊断方法,对骨骼和关节的常见疾病进行诊断。

关节的活动范围减少,提示关节疼痛,肌肉痉挛,关节周围组织炎症或增生,骨质增生。疼痛、变形、渐进性跛行和提举动作僵化,且症状随运动量的增加而减轻,提示退化性关节炎。关节风湿病则以关节疼痛,痛点日渐转移为特征。患部疼痛,肿胀和运动障碍表现为肌炎。关节活动范围扩大,并伴有疼痛和跛行常见于脱位。膝盖骨内侧脱位时,患肢的股骨外旋,胫骨内旋,趾端向内,膝关节不能充分伸展和屈曲,拖肢步行。髋关节脱位时,若股骨头背前方脱位,患肢表现外旋和内收,后方脱位则患肢内旋,背侧脱位则患肢内收。肩关节分离性骨软骨炎时,有伸展疼痛和步幅短小而不连贯的症状。肘突骨裂时,见肘关节伸展剧痛,保持半屈曲状态和运步时外展。膝关节前十字韧带断裂,胫骨可被自由前移,后十字韧带断裂(较少发生)则胫骨后移和外旋,若胫骨过分外旋和关节处于屈曲状态,则表明内侧半月板受损或股胫内侧副韧带断裂。

(六)神经系统疾病诊断

神经系统疾病诊断主要包括精神状态、运动功能、感觉功能和反射功能的诊断。

1. 从精神状态方面进行诊断

(1)精神兴奋　是中枢神经系统功能亢进的结果。表现兴奋、惊恐、狂叫不安、顶撞墙壁等,多见于脑炎、狂犬病、日射病和热射病、急性铅中毒等。

(2)精神抑制　多是神经组织的代谢障碍所致,如各种热性病、脑水肿、脑损伤、贫血、脑炎、低血糖、低血钙、某些中毒等。

2. 从运动功能方面进行诊断

(1)运动状态　划圈运动多见于脑炎、脑脓肿、一侧性脑室积水等。盲目运动见于脑部炎症、狂犬病等。阵发性痉挛和强直性痉挛见于病毒或细菌感染性脑炎、药物中毒、代谢障碍(低钙血症)及循环障碍等。

(2)瘫痪　中枢性瘫痪多见于脑和脊髓的损伤,如细菌性、病毒性和中毒性脑炎、脑脊髓炎(产褥败血病、铅中毒)、犬瘟热等;外周性瘫痪见于脊髓外周神经受损,如坐骨神经麻痹等。

3. 从感觉功能和反射功能方面进行诊断

(1)感觉　浅部感觉减退或消失多见于周围神经受压迫,脊髓神经横断性损伤或脑病。深部感觉发生障碍时,多见于脑水肿、脑炎。

(2)反射　严重肝病和中毒,反射增强,见于破伤风、士的宁中毒、有机磷中毒、狂犬病等。反射减弱或消失见于意识丧失、麻醉、虚脱等。

二、症状诊断思路

症状诊断思路主要是对犬、猫在发病过程中出现的典型症状进行分析,找出症状的临床差别,抓住诊断要点,从而确定疾病诊断。

(一)发　热

1. 诊断思路

(1)从发热的程度上诊断

①微热　体温升高1℃,常见于局部炎症、一般消化障碍疾病及某些寄生虫病,如鼻卡他、口炎、胃卡他等。

②中等热　体温升高2℃,通常见于消化道、呼吸道的一般炎症以及某些亚急性、慢性传染病,如感冒、胃肠炎、支气管炎、咽喉炎、子宫炎症等。

③高热　体温升高3℃,可见于急性传染病和全身广泛性的炎症,如犬瘟热、大叶性肺炎、急性腹膜炎、败血症等。

④最高热　体温升高3℃以上,常提示某些严重的急性传染病和脑部疾病,如炭疽、脓毒败血症、日射病、热射病等。

(2)从发热的热型上诊断

①稽留热　高热持续数天或更长时期,昼夜温差在1℃以内,常见于犬瘟热、犬传染性肝炎、弓形虫病、大叶性肺炎、胸膜肺炎、肾炎等。

②弛张热　昼夜间体温有较大的升、降变动,其变动范围在1℃～2℃或以上且不降至正常,常见于小叶性肺炎、胸膜炎、局灶性化脓性疾病等。

③间歇热　以发热与正常体温交替出现为特征,常见于巴贝斯虫病、支气管炎、局灶性化脓感染等。

④双相热　在两次发热之间,间隔几天无热期,常见于犬瘟热等。

⑤不定型热　体温曲线呈不规则变化,常见于布氏杆菌病、副伤寒等。

2. 鉴别诊断思路

(1)急性发热

①急性发热伴血便　多见于犬瘟热、犬细小病毒病、猫泛白细胞减少症、大肠杆菌病、沙门氏菌病、胃肠炎等。

②急性发热伴腹痛　多为腹部脏器发炎、穿孔、破裂等,多见于胃穿孔或破裂、急性腹膜炎、膈下脓肿、盆腔脓肿等。

③急性发热伴咳嗽、呼吸困难　是急性肺部炎症的主要症状,如犬副流感、犬传染性气管支气管炎、猫曲霉菌病、急性喉卡他、纤维蛋白性喉炎、急性支气管炎、支气管肺炎、纤维蛋白性肺炎、异物性肺炎、肺坏疽、肺脓肿、胸膜炎等。

④急性发热伴神经症状　多见于狂犬病、犬瘟热、李氏杆菌病、日射病、热射病等。

⑤急性发热伴红尿　多见于钩端螺旋体病、巴贝斯焦虫病、泌尿道出血性炎症等。

(2)原因不明发热　是临床最常见的症状之一,指发热持续2～3周,体温在39℃以上,经详细问诊、体格检查和常规检验仍不能明确诊断的。其病因复杂,可能是细菌、病毒、立克次氏体、螺旋体、原虫等微生物入侵犬、猫体后机体产生的一种病理反应,亦可能是肿瘤或自身免疫性疾病的临床表现,其中感染、肿瘤、血管性疾病是主要病因。

(二)呼吸困难

1. 诊断思路　发作性呼吸困难伴有雷鸣音,见于过敏性哮喘等;骤然发生严重呼吸困难,见于急性喉水肿等;呼吸困难并伴有疼痛时,见于急性渗出性胸膜炎等;呼吸困难伴发热时,见于肺炎、创伤性心包炎等;呼吸困难伴有咳嗽、脓痰,见于慢性支气管炎、异物性肺炎等;呼吸困难并伴有大量泡沫样痰,见于有机磷中毒;呼吸困难伴有昏迷,见于肝性脑病、尿毒症等;腹式呼吸多见于急性胸膜炎、胸膜肺炎、胸腔大量积液等。

2. 鉴别诊断思路 突然呼吸困难，伸颈呼吸，表情痛苦，多为喉炎、急性扁桃体炎、呼吸道闭塞、膈疝等疾病。呼吸急促伴有全身痉挛，多为日射病、肺部异常的疾病。疼痛性呼吸困难多为心功能不全、犬钩端螺旋体、肺部疾病、肥胖症等。静止不动，呼吸也困难，多为心脏器质性病变，如犬心丝虫病、肥胖症、肺部疾病等。

(三)咳 嗽

1. 诊断思路

(1)咳嗽强度 咳嗽强而有力，多发生于炎症初期或无痛而分泌物黏稠时，常见于喉炎和气管炎等。咳嗽弱而无力，见于肺炎、肺气肿、胸膜炎等。咳嗽伴有疼痛，多见于急性喉炎、喉水肿、异物性肺炎等。

(2)咳嗽频率 咳嗽剧烈，连续发作，指示呼吸道黏膜遭受强烈的刺激，常见于喉炎、上呼吸道有异物、异物性肺炎等。周期性咳嗽，见于上呼吸道感染、慢性支气管炎、肺结核等。咳嗽频繁，连续不断，严重时可转变为痉挛性咳嗽，见于急性咽炎、支气管炎、支气管肺炎等。

(3)咳嗽性质 干性咳嗽(咳嗽无痰或痰量甚少)，见于急性咽喉炎、急性支气管炎初期、胸膜炎、轻症肺结核等。湿性咳嗽(咳嗽伴有痰液)见于慢性支管炎、肺炎、支气管扩张、肺脓肿和空洞型肺结核等。

2. 鉴别诊断思路

(1)呼吸器官疾病所致咳嗽

①喉炎 咽下困难，流涎，颌下淋巴结肿大，呼吸困难，局部压痛。

②支气管炎 发作性咳嗽，急性干咳或痛咳，支气管呼吸音粗厉。

③支气管肺炎　发热，黏液性或脓性鼻漏，听诊肺区局灶性啰音，呼吸急促。

④肺炎　高热稽留，呼吸困难，听诊肺区有啰音，易疲劳，铁锈色鼻液（大叶性肺炎时），低氧血症。

⑤肺水肿　呼吸急促和困难，发绀，张口呼吸，体温升高，咳痰，痰液呈粉红色泡沫状。

⑥胸膜炎　腹式呼吸，伴有咳嗽，触诊胸壁疼痛，听诊有摩擦音。

⑦胸腔蓄脓　腹式呼吸，张口呼吸，表情痛苦，伴有咳嗽，肘外展，叩诊胸壁有痛感，胸腔穿刺有脓液流出。

(2)寄生虫病所致咳嗽

①犬血丝虫病　病犬不爱运动，腹水，呼吸困难，血色素尿，血液检查时可查到微丝蚴。

②血色食管虫病　呕吐，吞咽困难，流涎，粪便中可查到虫卵。

③类圆线虫病　主要感染犬、猫，表现为湿疹样皮炎，流涎，呼吸困难和咳嗽，脱水，衰竭，粪便镜检可发现幼虫和虫卵。

(3)传染病所致咳嗽

①犬瘟热　双相热，脓性眼屎，呼吸道炎症，伴有咳嗽和神经症状，可用免疫学试剂盒测定。

②传染性气管支气管炎　干性咳嗽，流黏液脓性鼻液，发热。

③副流感病毒感染　突然发热，流涕，咳嗽，病毒分离有助于确定病原。

(四)贫　血

1. 诊断思路　临床检查有外伤史，接触有毒物质或放射物质史，缺乏造血营养物质引起造血功能紊乱，体内外寄生虫，某些感染性疾病等。这些内容的调查可为鉴别诊断提供思路。

2. 鉴别诊断思路

(1)急性溶血性贫血　突然发病，呕吐、腹痛、腹泻等症状，随后出现血红蛋白尿，发病12小时后可出现黄疸。常见于钩端螺旋体病、巴贝斯虫病、猫血巴尔通氏体病、犬洋葱中毒、硝基甲苯中毒。实验室检查：红细胞数、血红蛋白大量降低，血涂片可发现大量破坏的红细胞和立克次氏体等。

(2)急性失血性贫血　可视黏膜迅速苍白，体温低下，脉搏细弱，有的犬、猫甚至可出现低血容量性休克。常见于各种外伤失血、外科手术时失血、血管损伤失血、消化道出血、泌尿道出血、内脏出血、肝脾破裂、球虫病、类圆线虫病。实验室检查：红细胞总数、血红蛋白含量及红细胞比容平行减少。

(3)急性造血不足性贫血　发病较慢，一般伴有可视黏膜苍白，全身症状严重且有出血性素质综合征。常见于放射性损伤、植物中毒、磺胺酰胺、氯霉素中毒、肾功能衰竭、慢性感染及重金属(如铅)等引起的损伤。实验室检查：发现红细胞、粒细胞和血小板均减少。

(五)呕　吐

1. 诊断思路

(1)采食与时间　采食后立即呕吐，多见于过食、应激或兴奋、食管阻塞、急性胃炎等。采食30分钟后即呕吐，可怀疑中毒、代谢病、过食兴奋等。采食后6～7小时呕吐出未消化或部分消化的食物，通常见于胃排空功能障碍或胃通道阻塞。

(2)呕吐物性质　若呕吐物中混有血液，常见于急性出血性胃炎、胃溃疡和某些出血素质性疾病，如犬瘟热、犬细小病毒病等。若呕吐物中混有胆汁，显黄绿色，呈碱性，常提示十二指肠阻塞、胆汁反流综合征、原发或继发胃运动减弱、肠内异物及胰腺炎等。若呕吐物的气味与粪便相似，常见于大肠阻塞。中毒性呕吐可从呕吐物中发现毒物或毒物的特殊气味、颜色等。

2. 鉴别诊断思路

(1)胃肠疾病所致呕吐

①急性胃炎　常在食后不久就出现呕吐,时常伴有血液,有时还表现腹痛、口腔恶臭。

②幽门阻塞　临床常表现周期性呕吐,呕吐物量多,常呈喷射状且有腐败气味,一般不含胆汁,常见于猫毛球阻塞。

③胃扩张和胃扭转　急性腹痛、嚎叫或呻吟不安,触诊可摸到球状扩张物,叩之如鼓,虽有呕吐动作,但难见呕吐物。

④胃内异物　胃部压痛,消瘦,间断性呕吐,偶见贪食,但仅吃几口,突然停止,有腹痛感,X线摄片和B超检查可帮助诊断。

⑤胃肠炎　虽有呕吐,但以腹泻、脱水为主。

⑥肠梗阻　呕血、腹痛、呻吟、脱水,此类症状X线钡餐摄片可帮助确诊。

(2)其他疾病所致呕吐　外伤所致的脑震荡、脑挫伤、颅内出血均有呕吐的症状,但各自也有不同的症状,而且可用X线摄片、B超以及CT等特殊检查帮助诊断。某些感染性疾病均可引起呕吐,如犬瘟热、犬细小病毒病、猫泛白细胞减少症、轮状病毒感染、沙门氏菌病、钩端螺旋体病、立克次氏体病、球虫病等。这些疾病可用微生物分离法、血清学检查进一步确诊。急性中毒时,可引起呕吐,从病史调查中发现其常与采食和毒物有关,甚至在呕吐物中也可发现。

(六)急腹症

1. 诊断思路

(1)急腹症伴呕吐　腹部疼痛发病时的呕吐多为急性胃炎;呕吐发生在阵发性腹部疼痛最剧烈时,提示胃肠、胆管或尿路有梗阻;发生于晚期的呕吐,多见于腹膜炎、胃扩张、肠麻痹等。

(2)急腹症伴腹泻　腹痛伴稀便的犬、猫常提示肠炎;阵发性腹部疼痛伴黏液血便的犬、猫应考虑肠套叠;阵发性腹部疼痛但不排便的犬、猫应考虑肠梗阻;持续性腹部疼痛伴血便的犬、猫应考虑肠绞窄、出血坏死性肠炎、肠系膜动脉栓塞。

(3)急腹症伴血尿　多提示泌尿系统疾病。

(4)急腹症伴休克　应注意内出血、胰腺炎、腹腔脏器的绞窄或坏死等。

(5)急腹症伴肿块　应考虑炎症性包块、肿瘤、肠套叠、肠扭转、卵巢囊肿等。X线检查、B超检查等的结果可为穿孔、梗阻、腹水、胃肠肿瘤和异物等提供明确的诊断。

2. 鉴别诊断思路

(1)胃肠疾病

①胃肠穿孔　持续腹痛,发热,呕吐,腹膜炎,穿刺流出污秽粪水。

②肠内异物　呕吐,腹痛,排粪少或无,常伴有发热和脱水。

③急性肠阻塞　腹痛,经常努责或俯卧呻吟,呕吐,腹部膨胀,黏液便,多饮,脱水。X线钡餐摄片可确诊。

④胃扩张-扭转综合征　突然发生,干呕、流涎、腹胀、叩之如鼓、疼痛、嚎叫、不安。

⑤肠套叠　大便不通畅,黏液血便,呕吐,腹部触诊可触及腊肠样物,按之腹痛加剧。X线钡餐摄片可确诊。

⑥肠扭转或绞窄　持续性腹痛,食后吐出,嚎叫、不安或俯卧呻吟,回视腹部,肌肉震颤,脱水,有时吐血,衰竭。X线钡餐摄片可确诊。

⑦急性胃肠炎和出血性肠炎　均有腹痛,常伴有发热,呕吐,腹泻或吐血,黏液血便。

(2)其他疾病

①急性肾炎　皮下水肿,蛋白尿,血尿,低蛋白血症,呕吐,腹

痛。B超有助于确诊。

②急性肝炎　黄疸,腹泻,腹痛,按压肝区疼痛更严重;若眼角膜混浊,黏膜出血,常怀疑传染性肝炎,此时需做血清学诊断。B超有助于确诊。

③急性腹膜炎　弓背,腹痛,呕吐,腹肌紧张,发热,穿刺流出腹水。

④急性胰腺炎　频繁呕吐或吐血,腹泻或带血,呻吟腹痛,按压左腹部胰腺投影区,疼痛严重。X线和B超检查可有助于确诊。

⑤子宫扭转　突然发生腹痛,皮温下降,呼吸浅表,黏膜苍白或发绀。直肠指诊有助于确诊。

(七)腹　泻

1. 诊断思路　首先进行粪便的检查,观察粪便的形态,检查粪便是否带血、黏液、未消化的食物、寄生虫或其他异物,必要时可进行病原微生物的培养。

2. 鉴别诊断思路

(1)胃肠疾病所致腹泻

①急性胃肠炎　腹泻,腹痛,呕吐,有时有黏液血便,发热。

②急性结肠炎　排便无力,黏液血便,里急后重,脱水,反复发作。

(2)传染病所致腹泻

①猫泛白细胞减少症　发热,呕吐,腹泻,白细胞减少。免疫学检查可以确诊。

②犬细小病毒病　呕吐,腥臭番茄样粪便,脱水,偶见心肌炎突然死亡。免疫学检查可以确诊。

③犬冠状病毒感染　持续性呕吐直至出现腹泻后才缓解,幼龄犬腹泻剧烈,多急性死亡,成年犬几乎不会死亡。免疫学检查可

以确诊。

④轮状病毒感染　初生犬、猫常在冬季发生，黏液粪便，末期体温下降，衰竭而死或突然死亡。免疫学检查可以确诊。

⑤疱疹病毒感染　仔犬腹泻，粪便呈黄绿色或绿色，恶臭，呕吐，流涎，持续鸣叫，共济失调，随即死亡。免疫学检查可以确诊。

(3)寄生虫病所致腹泻

①蛔虫病　初生犬、猫多发生，呕吐，消瘦，反复腹泻，偶见神经症状和肺炎。粪便镜检可见虫卵。

②球虫病　黏液血便，脱水，发热，贫血。粪便镜检可见虫卵。

③贾第虫病　初生犬、猫易发，黏液血便，里急后重，消瘦，贫血。粪便镜检可见滋养体。

(八)尿　闭

1. 诊断思路

(1)临床表现　不安，排尿痛苦，屡屡做出排尿姿势，但无尿液排出，或只呈现线状或滴状排出，多见于肾、膀胱、尿道、生殖道炎症和腹膜炎等。插入导尿管后，尿液呈无力状流出，多见于膀胱麻痹；导尿管插入困难或遇到阻力，多见于犬、猫的尿道结石、尿道炎、膀胱炎、膀胱痉挛等。

(2)尿液检查　实验室进行尿液(注意观察尿液的颜色、浑浊度、脱落细胞、混杂物等)和尿沉渣(包括有机和无机沉渣)检查，有助于诊断。

2. 鉴别诊断思路

(1)尿道炎　触诊或尿路探查时，犬、猫表现疼痛不安且躲避检查。由于尿道黏膜肿胀、糜烂、溃疡、坏死，或形成瘢痕组织往往会引起尿道狭窄或阻塞，导致导尿管插入受阻，有时能导出尿液，而尿液中常常含有黏液、血液或脓液，甚至混有坏死、脱落的尿道黏膜。

(2)尿道结石　尿路探查时除龟头部可触之结石外，往往可探及砂石在尿道中阻塞的部位，触诊病灶部敏感、疼痛，结合 X 线或 B 超检查的结果可确诊。

(3)膀胱痉挛　排尿障碍，直肠检查膀胱充盈，按压不能引起排尿。尿路探查时导尿管可插入膀胱。

(九)昏　迷

1. 诊断思路

(1)昏迷伴皮肤、黏膜变化　昏迷伴有皮肤灼热、干燥，见于热射病；皮肤湿润见于低血糖、吗啡类药物中毒等；一氧化碳中毒可视黏膜常为樱桃红色；皮肤苍白见于尿毒症；头部有外伤的可能为脑外伤昏迷等。

(2)昏迷伴呼吸变化　昏迷伴有潮式呼吸，可提示间脑受损；出现深长和节律不规则的共济失调呼吸，可提示延髓病变；呼出气体带氨味见于尿毒症；呼出气体带烂苹果味见于糖尿病昏迷；呼出气体带大蒜味见于有机磷农药中毒；呼出气体和尿液带有“肝臭”味见于肝性脑病。

(3)昏迷伴体温变化　昏迷伴有发热，多见于各种颅内外感染；昏迷伴体温过低见于休克、低血糖、中毒、甲状腺功能减退等。

(4)昏迷伴瞳孔变化　昏迷伴有瞳孔散大，见于多种药物和食物中毒，如巴比妥类、肉毒梭菌中毒等；双侧瞳孔缩小见于氯丙嗪、吗啡类药物中毒等。

(5)昏迷伴肢体变化　昏迷伴有偏瘫，提示颅内局灶性神经系统病变，如颅内感染、颅脑外伤、颅内占位性病变等。双后肢截瘫多见于急性播散性脑脊髓炎等。

2. 鉴别诊断思路　犬、猫的昏迷过程一般较缓慢，瞳孔散大，多对称，见于内分泌和代谢紊乱性疾病。血糖降低，尿素氮、尿素、肌酐、氨浓度的升高常有助于低血糖、尿毒症、肝性脑病的诊断。

犬、猫有摄入或接触毒物病史，多见于中毒昏迷及物理性损害。中暑及冻僵昏迷的有处在高温和低温环境的病史。电击伤、意外触电或遭遇雷击等也可导致昏迷。

(十)瘫 痪

1. 诊断思路

(1)临床检查 有跌伤、翻车、挫伤等外伤史，伤后发生偏瘫或截瘫，无意识障碍的，多提示是脊髓性瘫痪。犬、猫发病前采食受污染的腐臭肉类，随之从后肢至前肢进行性瘫痪，且神志始终清醒、不发热，应考虑肉毒梭菌素中毒。

(2)神经症状 伴有高热、怕冷、呕吐、嗜睡甚至昏迷、惊厥，并出现偏瘫的病犬应考虑脑炎和脑膜炎。体温升高，意识障碍及颈部强直的犬、猫应考虑为脑出血、脑炎、脑膜炎等。

(3)瘫痪 单肢局限性瘫痪多见于周围神经病变；偏瘫多为脑出血、脑血栓形成、脑栓塞、脑炎或脑膜炎所致；截瘫多为脊髓病变如脊柱结核、急性脊髓炎、脊髓肿瘤、脊髓挫伤或骨折等。中枢性瘫痪，多见于脑炎、脑出血、脑积水、脑肿瘤等。外周性瘫痪，见于脊髓及外周神经受损，如坐骨神经麻痹等。

2. 鉴别诊断思路

(1)脊髓外伤 有外伤史且外伤后迅速出现截瘫或四肢瘫痪。

(2)多发性神经炎 发病初期为趾无力、麻木，逐渐发展到肢活动困难、肌张力下降、肌萎缩、腱反射减弱或消失、轻瘫或全瘫，多见于感染、中毒、内分泌失调和代谢性疾病(如维生素 B_1、维生素 B_2、维生素 B_6 缺乏症)等。

(3)肌营养不良 一般缓慢发生，呈进行性四肢肌无力和萎缩，从近端开始，呈对称性分布，腱反射减弱或消失，无感觉障碍。24 小时后尿肌酸含量升高，血清肌酸磷酸激酶升高，经活检见肌纤维变性、萎缩。

(4)多发性肌炎　四肢近端肌肉，特别是前肢肌肉进行性无力和萎缩，且无力症状超过萎缩程度，有压痛，可伴吞咽困难和颈肌无力，无脑神经损害和感觉障碍，激素治疗有效。

(十一)红　尿

1. 诊断思路　临床检查有无长期排红尿、尿淋漓等症状；有无前列腺、子宫等性器官疾病；最近有无用过含有色素的药物；饲料中是否长期应用洋葱或动物肝脏等。伴有体温升高者，常见于感染性红尿疾病；伴有排尿不畅者，多为血尿，三杯试验可辨别尿道前端尿血(第一杯血尿)，尿道后端，膀胱颈附近(第三杯血尿)，膀胱出血和肾出血(三杯全是血尿)。潜血检查，然后再做分辨血红蛋白尿和肌红蛋白尿的检查。尿常规检查，有助于肾与膀胱疾病的诊断。

2. 鉴别诊断思路

(1)泌尿器官疾病所致红尿

①肾小球肾炎　以肾区敏感，疼痛，水肿，高血压，血红蛋白尿为特征。

②尿石症　频尿，血尿，尿淋漓或尿闭，努责，腹围膨大。X线或B超检查有助于确诊。

③膀胱炎或膀胱肿瘤　频尿，排尿痛苦，血尿且浑浊或脓血。X线或B超检查有助于确诊。

(2)传染病所致红尿

①钩端螺旋体感染　以发热，黄疸，血尿，出血和肾区压痛为特征。

②附红细胞体病　发热，呕吐，便血，腹泻，黏膜黄染，皮肤发黄，尿深黄色，血液稀薄，红细胞附着菌体。

③猫血巴尔通氏体病　贫血，脾肿大，红细胞有点状寄生虫体，有核红细胞增多，大小形状不一。

(3)其他疾病所致红尿

①巴贝斯虫病　发热，黄疸，黄褐色尿，脾肿大，黏膜苍白，消瘦。

②肾膨结线虫病　以腹痛不安，频尿，血尿，消瘦为特征。

③洋葱中毒　呕吐，黄疸，腹泻，胆红素尿，红细胞内可发现海恩茨氏小体。

④药物反应性红尿　与药物治疗有直接的联系，如使用安络血(卡巴克洛)后，犬、猫排棕红色尿。尿液检查未发现红细胞，血红蛋白和肌红蛋白。

第二章 宠物传染病

一、犬瘟热

犬瘟热是由犬瘟热病毒感染引起的一种急性、传染性极强的病毒病。临床上以双相热型,白细胞减少,胃肠道和呼吸道卡他性炎症,伴发肺炎和神经综合征为主要特征。患病犬的死亡率高,严重影响犬的健康,并可引起患病犬的后遗症。

【临床症状】 本病主要表现为双相热型,呼吸道、消化道卡他性炎症,神经症状等。慢性病例可见足垫肿胀。病毒潜伏期差异较大,一般为3～60天。

病犬的症状严重程度与年龄、品种、免疫状况、病毒毒力密切相关。免疫力低下的幼龄犬症状严重,死亡率高,进口的纯种犬、长途运输后处于应激状态的外地引进犬比当地土种犬发病率高,死亡率高。某些毒力强的毒株可能造成严重的临床症状,近年发现一些温和性病例,症状较轻,表现为倦怠、厌食、发热、眼分泌物增多和上呼吸道感染等症。

【诊断要点】

1. 双相热型 大多数病犬初期体温升高至39.5℃～41℃,食欲不振,精神沉郁,眼、鼻流出水样分泌物,打喷嚏,一过性腹泻,之后2～3天进入无症状期。经3～14天,再次出现体温升高,临床症状重剧。

2. 呼吸型 多数病犬出现呼吸系统症状,早期流清涕,打喷嚏,随着病情加重,出现脓性鼻液和咳嗽症状,初为干咳,后期为湿性重咳，流出黏稠至脓性鼻分泌物，带有臭味，呼吸急促，肺部听诊有湿性啰音或捻发音。

3. 消化型 部分病犬出现消化系统症状，表现为食欲减退或废绝，腹泻，粪便呈水样，恶臭，混有黏液或血液。严重者出现脱水症状。

4. 神经型 约有15%的病犬出现神经症状，表现为癫痫样发作，共济失调，反射异常，颈部强直，肌肉痉挛。多数出现咀嚼肌群的反复阵发性抽搐，每次发作至1分钟左右。有时突然倒地，口吐白沫，四肢作游泳状，发作过后表现为疲劳、呆滞；有的突然狂奔，撕咬器物，目光凶狠。发生神经症状者大多预后不良，少数病例症状消失后，往往留有肢体瘫痪、麻痹等后遗症。

5. 体表症状 大部分病例在中后期，出现足垫肿胀、过度增生、角化、形成硬脚趾等。部分病例腹下、股内侧出现米粒至豆粒大小的痘样疹，初为水疱样，后为脓样，最后干涸脱落。当眼神经和视网膜受病毒侵害后，容易导致角膜炎和角膜溃疡。

6. 试剂盒诊断 犬瘟热诊断试剂盒，诊断准确率较高。

【治疗方案】

1. 抗病毒

处方1 犬瘟热病毒单克隆抗体，0.5～1毫升/千克体重，皮下注射或肌内注射，每天1次，连用5～7天，严重者剂量可加倍。

处方2 犬瘟热高免血清或五联高免血清，0.5～1毫升/千克体重，皮下注射或肌内注射。

处方3 犬重组干扰素，20万～40万单位/千克体重，皮下注射。

处方4 犬免疫球蛋白，2～4毫升/次，肌内注射。

处方5 利巴韦林注射液，10～15毫克/千克体重，肌内注射或静脉注射，每天1次。

处方6 双黄连注射液，0.5～1毫升/千克体重，肌内注射或静脉注射，每天1次。

处方7　穿琥宁注射液，0.2～0.4毫升/千克体重，肌内注射或静脉注射。

2. 消　炎

处方1　氨苄西林，50～100毫克/千克体重，静脉注射或皮下注射，每天2次。

处方2　阿米卡星注射液，10～15毫克/千克体重，皮下或肌内注射，每天1～2次。

处方3　头孢唑啉钠，50～100毫克/千克体重，静脉注射或皮下注射，每天1～2次。

处方4　头孢曲松钠，50～100毫克/千克体重，肌内注射或静脉注射，每天1～2次。

处方5　克林霉素磷酸酯注射液，10～20毫克/千克体重，肌内注射或静脉注射，每天1～2次。

处方6　阿奇霉素，10毫克/千克体重，静脉注射，每天1次。

处方7　恩诺沙星注射液，2.5～5毫克/千克体重，皮下注射，每天2次。

处方8　磺胺嘧啶钠注射液，20～50毫克/千克体重，肌内注射。

处方9　磺胺间甲氧嘧啶钠，20～50毫克/千克体重，肌内注射。

3. 降　温

处方1　氨基比林注射液，0.5～4毫升/次，肌内注射，每天2次。

处方2　清开灵注射液，0.2～0.4毫升/千克体重，皮下注射，每天2次。

处方3　清热解毒口服液，2毫升/千克体重，口服，每天2次。

4. 止　吐

处方 1　甲氧氯普胺(胃复安)注射液,0.2～0.5 毫克/千克体重,皮下注射,每天 2 次。

处方 2　爱茂尔注射液,0.5～4 毫升/次,肌内注射,每天 2 次。

5. 缓解呼吸困难

处方 1　氨茶碱注射液,50～100 毫克/次,肌内注射或静脉注射。

处方 2　喘定注射液,100～250 毫克/次,肌内注射或静脉注射。

处方 3　地塞米松磷酸钠注射液,0.5 毫克/千克体重,肌内注射,每天 1 次。

6. 镇静安神

处方 1　牛黄清心丸,1 丸/10 千克体重,口服,每天 1 次。

处方 2　安宫牛黄丸,1 丸/10 千克体重,口服,每天 1 次。

处方 3　羚羊角胶囊,2 粒/5 千克体重,口服,每天 1 次。

处方 4　氯丙嗪注射液,1～2 毫克/千克体重,肌内注射,每天 1～2 次。

处方 5　苯妥英钠注射液,100～200 毫克/次或 5～10 毫克/千克体重,静脉注射或肌内注射。

处方 6　地西泮(安定)注射液,0.2～0.5 毫克(千克体重·小时),静脉注射。

处方 7　癫安舒片,5～8 毫克/千克体重,口服,每天 2 次。

7. 综合处方

处方 1　生理盐水 100～200 毫升,头孢曲松钠 50 毫克/千克体重,利巴韦林注射液 20～50 毫克/千克体重,双黄连粉针 60 毫克/千克体重,静脉注射,连用 7～10 天。

处方 2　生理盐水 100～200 毫升,头孢噻肟钠 50 毫克/千克体重，利巴韦林注射液 20～50 毫克/千克体重，静脉注射；5%葡萄糖注射液 100～200 毫升，清开灵注射液 1～2 毫升/千克体重，静脉注射。

处方 3　林格氏液 50～80 毫升/千克体重，三磷酸腺苷二钠(ATP)10 毫克/千克体重，辅酶 A 20 单位/千克体重，肌苷 10 毫克/千克体重，维生素 C 50 毫克/千克体重，50%葡萄糖注射液 10～30 毫升，混合 1 次静脉注射。

处方 4　犬瘟热康复犬全血或代血浆，2～5 毫升/千克体重，缓慢静脉注射，每天 1 次，连用 3 天。

【用药分析】

1. 生物制品的选用　犬瘟热早期，当病毒尚未侵入细胞内以前，大剂量使用高免血清或抗体，以阻断病毒侵入细胞内，可有效治疗该病，但出现明显症状时，使用效果不佳；犬瘟热中期，当病毒已经进入组织细胞内进行复制，此时用抗体或血清效果较差，宜选用能够抑制犬瘟热病毒在细胞内复制的干扰素，以提高治疗效果；犬瘟热后期，也即恢复期，以提高病犬的抵抗力，恢复其免疫功能为主，宜用球蛋白、胸腺肽或转移因子进行治疗。

2. 消炎药的选用　如果犬瘟热发现较早，血常规检查白细胞总数不高时，宜选用不良反应较小的氨苄青霉素注射，以防止继发细菌感染；如果病犬已出现流脓涕现象，表明已出现混合细菌感染，此时宜选用头孢噻肟钠或头孢曲松钠注射，以迅速缓解流涕症状；若病犬咳嗽症状较重时，宜选用阿奇霉素注射；若全身症状重剧时，宜选用克林霉素磷酸酯注射。病初若出现高热不退、精神欠佳时，配合应用地塞米松，具有消炎和解热作用，但使用时间不宜过长。

3. 中药的选用　对于犬瘟热的治疗，目前应用最多的中药如下：清开灵注射液、双黄连（粉针和注射液）、鱼腥草、穿心莲、穿琥宁和炎琥宁等，以上几种药物对犬瘟热病毒都有不同程度的抑制作用，但也存在不同程度的过敏现象，使用时应注意。另外，若将以上药物配合使用或先后使用，即可明显提高疗效，如清开灵注射液和双黄连注射液先后输液比单用效果好等。

4. 口服药的选用　有些犬瘟热病犬不影响其食欲，在治疗中可充分利用口服给药来提高治疗效果。常用口服药物：清热解毒口服液、抗病毒口服液、羚羊角粉、转移因子口服液、牛黄清心丸、安宫牛黄丸等，这些药物可以辅助提高消炎治疗药的作用，提高治愈率，同时在病犬尚未出现神经症状前，使用口服药如牛黄清心丸、安宫牛黄丸可有效预防病犬神经症状的出现。

5. 营养药的选用　当犬瘟热病犬食欲尚可的情况下，原则上不静脉补充营养液维持营养，但当该病发展到一定时期，可能会出现食欲减退甚至废绝，此时合理应用营养药输液可有效维持脏腑功能，延长存活时间，从而为其他药物的治疗赢得时间，常用营养药：葡萄糖、氨基酸、脂肪乳、白蛋白、血浆、三磷酸腺苷二钠、辅酶A、肌苷、维生素等，临床上应根据需要合理补充。

6. 护理　犬瘟热发病过程相对较慢，治疗中对病犬的护理就显得尤为重要，临床实践证明，悉心照料可明显提高治愈率。首先，在病犬尚有食欲的情况下，应充分利用这一优势，尽量让病犬多吃食物，吃好食物，以从根本上恢复病犬的体质，但切忌过食。其次，注意保暖防寒，尤其在冬季，对于体质较弱的幼龄犬最重要，但切忌忽冷忽热。再次，应经常与病犬沟通，犬为智力型动物，多与其说话沟通能够使病犬对生活充满信心，提高治愈率。

【要点总结】　①本病在初期具有隐蔽性，症状不明显，容易与普通呼吸道炎症、胃肠炎、犬细小病毒性肠炎等相混淆，不易引起注意，往往在发现时病情已较严重，因此应把握好病犬诊疗时机，早期诊断，及时治疗可明显提高犬瘟热的治愈率。②在治疗中发现犬瘟热中期是治疗的最重要的时期，同时也是容易确诊的时期，治疗措施得当，病犬大多可以治愈。因此，一定要坚持治疗，绝对不能在病犬症状稍有缓解即停止治疗,否则如果此病一旦出现反复后就更加难治。③除早期犬瘟热外,一般中后期病例发病时间较长,持续发热,并且都存在食欲不振或废绝现象,再加上呕吐、腹泻等,极易导致机体水、电解质及酸碱平衡失调,呈现不同程度的脱水,致使血液浓稠,有效循环血量骤减。临床上通过及时补充机体所需的液体可有效地促进机体新陈代谢,增强机体抗病能力。因此,对于出现早期症状的病犬,不必采用此法,对于出现中期症状的病犬,在应用补液、抗菌疗法的同时,还应根据病犬的体况进行补钾、调节酸碱平衡等措施。对肺功能差和呼吸困难的病犬,要减少输液量,防止医源性肺水肿。④犬瘟热的传染性强,危害性大,因此预防本病主要还是靠综合性防疫措施。个人养的宠物犬,在本病流行季节,严禁带到犬集结的场所,每年应做好定期预防接种。对大的养殖场发生疫情后,迅速采取隔离、消毒措施,对健康犬采取紧急预防接种犬六联疫苗,使疫情得到控制。⑤在治疗过程中病犬可能会出现神经症状,并且会终身存在;预防该病应每年春秋季节接种犬瘟热疫苗,以减少死亡。

二、犬细小病毒病

犬细小病毒(CPV)病是一种急性、烈性、致死性传染病,特征是非化脓性心肌炎和出血性肠炎。心肌炎型多见于出生后 4～6 周龄,临床症状未出现就突然死亡,或者出现严重的呼吸困难后死亡;出血性肠炎在临床上最为常见,以呕吐、腹泻或拉稀、便中带血、白细胞显著减少为特征。

【临床症状】

1. 肠炎型　自然感染的潜伏期为 7～14 天,病初表现发热(40℃以上)、精神沉郁、不食、呕吐。初期呕吐物为食物,呈黏液状、黄绿色,有时带血。发病 1 天左右开始腹泻,病初粪便呈糊状,随病程发展，粪便呈咖啡色或番茄酱色的血便。以后次数增加、里急后重，血便带有特殊的腥臭气味。血便数小时后病犬表现严重脱水症状，眼球下陷、鼻镜干燥、皮肤弹力高度下降、体重明显减轻。对于肠道出血严重的病例，由于肠内容物腐败可造成内毒素中毒和弥散性血管内凝血，使机体休克、昏迷死亡。

2. 心肌炎型 多见于40日龄左右的犬，病犬先兆性症状不明显，有的突然呼吸困难，脉搏快而弱，心脏听诊出现杂音，频繁呕吐，肌肉震颤，四肢末端和耳、鼻发凉，继之腹泻，脱水。

【诊断要点】

1. 临床症状 主要感染1岁以内幼龄犬，患病早期都有呕吐、腹泻病史，并且禁食禁水过程中吐、泻情况不会明显改善，即吃东西呕吐，不吃东西也呕吐。随着病情加重，会出现吐血便血、严重脱水和酸中毒，甚至休克。

2. 实验室诊断 白细胞总数明显减少，如果继发细菌感染，白细胞总数可增高。血清总蛋白含量下降，转氨酶指数升高。

3. 试纸诊断 使用犬细小病毒快速检测试纸，取少量病犬粪便加适量稀释液后，混合均匀，滴加在反应孔内，5分钟后出现结果，该方法简单适用，检出率高。

4. 鉴别诊断 本病易与肠道寄生虫病、肠梗阻、肠套叠混合感染，诊断时应全面考虑。

【治疗方案】

1. 抗病毒

处方1 犬细小病毒单克隆抗体，0.5～1毫升/千克体重，皮下注射或肌内注射，每天1次，连用3～5天，严重者可加倍。

处方2 犬细小病毒高免血清或五联高免血清，0.5～1毫升/千克体重，皮下注射或肌内注射，每天1次，连用3～5天，严重者可加倍。

处方3 犬免疫球蛋白，2～4毫克/千克体重，肌内注射。

处方 4　利巴韦林注射液，10～15 毫克/千克体重，肌内注射或静脉注射，每天 1 次。

2. 抗菌消炎

处方 1　氨苄西林，50～100 毫克/千克体重，静脉注射或皮下注射，每天 2 次。

处方 2　头孢唑啉钠，50～100 毫克/千克体重，静脉注射或皮下注射，每天 2 次。

处方 3　头孢曲松钠，50～100 毫克/千克体重，静脉注射或皮下注射，每天 2 次。

处方 4　头孢哌酮钠，50～100 毫克/千克体重，静脉注射或皮下注射，每天 2 次。

处方 5　庆大霉素注射液，3～5 毫克/千克体重，肌内注射或静脉注射，每天 2 次。

处方 6　磺胺间甲氧嘧啶钠注射液，20～50 毫克/千克体重，肌内注射，每天 1 次。

处方 7　地塞米松磷酸钠注射液，0.5 毫克/千克体重，肌内注射，每天 1 次。

处方 8　恩诺沙星注射液，2.5～5 毫克/千克体重，皮下注射，每天 2 次。

3. 止　吐

处方 1　甲氧氯普胺注射液，0.2～0.5 毫克/千克体重，皮下注射，每天 1～3 次。

处方 2　爱茂尔注射液，1～2 毫升/次，皮下注射或肌内注射，每天 2 次。

处方 3　盐酸消旋山莨菪碱(654-2)，0.3～0.5 毫克/千克体重，肌内注射或静脉注射，每天 1～2 次。

处方 4　维生素 B_6 注射液，1～2 毫升/次，肌内注射或静脉注射，每天 1～2 次。

处方 5　盐酸氯丙嗪注射液，0.5～1 毫克/千克体重，肌内注射，每天 1～2 次。

处方 6　西咪替丁注射液，5～10 毫克/千克体重，静脉注射，每天 1～2 次。

4. 止　血

处方 1　安络血注射液，1～2 毫升/次，肌内注射，每天 1～3 次。

处方 2　酚磺乙胺注射液，2～4 毫升/次，肌内注射或静脉注射，每天 1～3 次。

处方 3　维生素 K_1 注射液，10～30 毫克/次，肌内注射，每天 1～2 次。

处方 4　氨甲苯酸注射液，2～10 毫升/次，静脉注射，每天 1 次。

处方 5　立止血粉针，10 000～20 000 单位/次，肌内注射。

5. 止　泻

处方 1　双八面体蒙脱石（思密达）粉，250～500 毫克/千克体重，口服。

处方 2　鞣酸蛋白片，1～4 片/次，口服，每天 2 次，连用 2～4 天。

6. 补　液

处方　林格氏液 50～80 毫升/千克体重，三磷酸腺苷二钠 10 毫克/千克体重，辅酶 A20 单位/千克体重，肌苷 10 毫克/千克体重，维生素 C 50 毫克/千克体重，50%葡萄糖注射液 10～30 毫升，混合 1 次静脉注射。

7. 输　血

处方　康复犬新鲜血液或代血浆，2～5 毫升/千克体重，缓慢静脉注射，每天 1 次，连用 3 天。

8. 灌　肠

处方 1　葛根芩连汤煎汁，50～100 毫升，保留灌肠。

处方2　云南白药胶囊、肠炎灵胶囊、生理盐水适量，保留灌肠。

【用药分析】

1. 抗病毒药的选用　首用犬细小病毒单克隆抗体1毫升/千克体重，肌内注射，连用3～5天。恢复期选用免疫球蛋白10毫克/千克体重肌内注射，连用1～3天。在注射高免血清的同时，如有过敏现象，可配合维生素C、地塞米松、氯苯那敏（扑尔敏）注射。

在直接中和或对抗病毒的同时，往往伴有其他病毒混合感染，常选用干扰素、聚肌胞、转移因子、胸腺肽、病毒灵、利巴韦林等配合治疗，同时也可增强机体的免疫能力。

2. 消炎药的选用　在病毒感染的同时，动物机体抵抗力下降，肠道菌群失调，有害细菌迅速生长繁殖，为防止继发细菌感染，可与抗生素类、磺胺类、喹诺酮类药物配合使用，以增加疗效；当腹泻发展为出血时，不宜选用容易造成骨髓抑制即红细胞生成受阻和血小板减少的氯霉素，当腹泻伴有频繁呕吐时，不宜选用对胃肠黏膜具有较强刺激、极易引起空腹病犬恶心、呕吐反应的土霉素和四环素。

喹诺酮类药物如吡哌酸、氟哌酸疗效显著，若用于细小病毒性肠炎，往往因口服给药引起呕吐。所以，对于细小病毒病的治疗，应用注射给药较合理。

临床实践证明，即使对于严重的肠道感染，在应用氨基糖苷类抗生素的同时，联合应用广谱半合成青霉素如氨苄西林钠，以及短时间内应用糖皮质激素如地塞米松，均可获得良好的疗效。

3. 止吐药的选用　顽固性呕吐时，若使用单一止吐药效果往往不理想，临床上可联合用药效果显著。

当病犬胃肠空虚又有便血时，宜选用使胃肠活动静息下来的止吐药，如爱茂尔、654-2等，此时不宜选用动力性止吐药如胃复安、吗丁啉等；维生素B_6常用作犬细小病毒性肠炎的止吐，但为了提高疗效，常和其他止吐药联合应用；另外，使用西咪替丁或雷尼替丁减少胃酸分泌，也可缓解呕吐症状。

4. 止泻药的选用　阿托品和654-2是临床常用药物，可以和氨基糖苷类抗生素混合肌内注射，一般用药1～2次腹泻症状可得到有效控制。当然口服普鲁本辛、颠茄或复方苯乙哌啶等抗胆碱药也可获得相同的疗效；鞣酸蛋白、思密达、药用炭等有止泻作用，但因其呕吐不能口服给药，用思密达灌肠效果较好。另外，用高锰酸钾深部保留灌肠，可氧化肠内有害产物，防止自体吸收中毒，同时还有收敛止泻、止血和消炎效果，在治疗细小病毒性肠炎时也有积极作用。止泻的同时应着重于肠道消炎，减缓肠蠕动，防止脱水。

5. 止血药的选用　对犬细小病毒性肠炎出血症状的控制，病初宜较大剂量应用安络血和止血敏，随着病程的发展和治疗中抗生素的持续应用，由于肠道细菌受抑制，内源性维生素K合成减少或停止，而且因消化道出血又极易造成血浆中诸多凝血因子的丢失，所以止血治疗中期及时选用维生素K，增进血浆凝血因子的合成尤为重要。对于出血症状较久的病犬，由于组织损伤易于释放大量的血纤维蛋白溶解酶原的激活因子，导致血浆纤维蛋白的溶解亢进，不利于止血，故此时配合应用氨甲苯酸或止血环酸等抗纤维蛋白溶解的药物，将会协同上述止血药，加速血凝过程，达到止血的目的。

在治疗犬细小病毒性肠炎的过程中也可补充适量的葡萄糖酸钙和维生素C，对于降低消化道黏膜的通透性，提高止血药的疗效，促进消化道黏膜的愈合，具有十分重要的作用。

6. 中药的选用　细小病毒主要损害小肠，导致小肠黏膜上皮脱落，毛细血管破坏，血液渗出，进而导致小肠其他部位功能紊乱。另外，该病毒对心脏也有专嗜性，还可侵入心脏，影响心肌代谢，造成心肌坏死，所以此病的第一病位是小肠，第二病位是心脏。现代药理研究表明：葛根、白头翁、黄连、黄芩、地榆具有不同程度的解热、抗菌、抑制病毒和增强机体免疫功能的作用。地榆抑制纤溶，促进止血；黄芩、黄连尚能保肝和提高机体解毒能力。同时，瘟可康、蛤蟆王、维迪康均系多种中草药复合而成，具有较好的清瘟败毒、扶正祛邪之功效，对犬细小病毒性肠炎均有较好的治疗作用。

7. 补液 犬细小病毒性肠炎早期以低渗性脱水为主，因此以补盐为主，补糖为辅；中后期以混合性脱水为主，此时补以糖盐水较合适或4份盐水加1份右旋糖酐也可；恢复期组织细胞处于“饥饿”状态，机体出现低血糖，因此应辅以高糖。另外，补液也可根据犬的渴感程度进行补充，如果病犬渴感明显，糖盐比例按2∶1静脉输入，输液量一般控制在50～100毫升/千克体重。应当注意，输液的葡萄糖浓度不能太高，否则会加重组织脱水。病犬若无饮欲，糖盐比例按1∶1或1∶2静脉输入。经过2次输液，病犬脱水状态仍未得到纠正，且病犬仍无饮欲或饮欲不强，此时有必要选用10%氯化钠注射液，以增加有限输液中的氯化钠含量。对于迅速提高细胞外液晶体渗透压，扩充并维持有效循环血量，纠正脱水状态具有重要作用。然而经过上述方法治疗，脱水仍未得到纠正，此时可静脉输入适当剂量的胶体液，如右旋糖酐或羟乙基淀粉代血浆（706代血浆）等，能够有效扩充循环血量，升高血压和改善微循环，以促进病犬的恢复。

输液中凡加入钙、钾、镁等制剂时，输液速度须缓慢，以防心脏停搏，药液加温不可超过40℃，注意输液后出现不安、躁动、心跳呼吸加快、肌肉震颤、大量出汗时应停止输液并以盐酸肾上腺素或盐酸苯海拉明解救。

输液中加入5%～10%葡萄糖注射液、ATP、辅酶A及复合氨基酸，以补充机体所需营养。

8. 几种重要离子的选用

（1）钾 钾离子绝大部分由尿中排出，其平衡规律为“多进多排、少进少排、不进也排”。因病犬多天不吃，摄入钾少，且呕吐腹泻又使钾大量丢失，因而出现缺钾；输钾时最好适量输入生理盐水或5%葡萄糖液，待尿量增多，病犬开始排尿后再补钾较为安全。犬的需要量按0.1～0.2克/(千克体重·天)计算，分2～3次补充。补钾时，要控制稀释浓度和速度，其浓度一般不超过0.3%；输钾的速度不能太快，缺钾较重犬可分数天补足，不可1天补完，以免发生高钾血症。如病犬不呕吐时，采用口服法补钾较为安全。

(2)钙　在纠正酸中毒过程中如能静脉注射10%葡萄糖酸钙注射液，常能防止低钙抽搐的发生，剂量为1～2毫升/千克体重。钙不能与碳酸氢钠混合静脉注射，以防产生碳酸钙沉淀。

(3)碳酸氢钠　在本病的后期，因病犬长期不进食，加上本身消化液和体液大量丢失，大多数病犬都会引起酸碱平衡紊乱，出现酸中毒。其补救的方法是：静脉注射5%碳酸氢钠注射液2～4毫升/千克体重，视情况分2～3次输入，以免造成代谢性碱中毒；因5%碳酸氢钠注射液是高渗溶液，静脉输液前要稀释成等渗溶液。稀释方法：5%碳酸氢钠注射液加入2倍剂量的5%葡萄糖或10%葡萄糖注射液内，即成接近于等渗的溶液。在疾病后期，输液时加入适量碳酸氢钠，对促进病犬康复及恢复食欲是非常有益的。

(4)白蛋白　犬细小病毒性肠炎过程中，由于呕吐、腹泻，病犬不能通过食物获取蛋白质来补充血浆中的白蛋白，导致血浆胶体渗透压下降，微循环有效灌流量不足而有发生低血容量性休克的危险。因此，长时间禁食禁饮或剧烈腹泻的病犬，应适量补充白蛋白，以防发生休克。对体质虚弱者，可静脉注射氨基酸，失血较多者，输血效果好。

【要点总结】　①不同的生产厂家疫苗保护率不同，况且犬细小病毒有多个型，而目前市场上流通的疫苗只是单一预防，因此即使免疫过的犬也可能感染。②患细小病毒病时无特效药治疗，笔者认为，要想提高犬细小病毒病的治愈率，合理输液和精心护理极为重要。补液要遵循以下原则："缺什么补什么，缺多少补多少"，补液时要"先盐后糖，先快后慢，见酸补碱，见尿补钾，见惊补钙"。③对于2月龄以内的仔犬，可突发心肌炎而死亡，年龄较大的犬多以出血性肠炎为特征，但在治疗期间可能诱发心肌炎而突然死亡。④治疗过程中病犬反复呕吐时，可能会诱发胰腺炎和肠套叠而使病情加重，甚至死亡。⑤幼龄犬在未注射疫苗前，一旦发现呕吐和精神沉郁时应立即到宠物医院就诊，不要在家喂药治疗，以免病情加重，延误治疗。⑥患肠道寄生虫病的犬易诱发细小病毒性肠炎，因此预防犬肠道寄生虫病可减少本病发生。⑦该病治愈后较长时间内可向体外排毒，污染周围环境，造成疾病传播。⑧治疗期间若出现番茄汁样血便，提示病情危重，此时应告知宠物主人。⑨定期免疫注射是预防本病的有效措施。

三、犬传染性肝炎

犬传染性肝炎是由犬腺病毒Ⅰ型引起的一种急性败血性接触性传染病，主要发生于犬，表现为肝炎和眼部疾患。临床上以马鞍型热，严重血凝不良，肝区疼痛，角膜混浊等为主要特征。

【临床症状】

1. 肝炎型　病犬突然发生腹痛，体温最初升高达40℃～41℃，呈"马鞍"型体温曲线，精神沉郁，食欲废绝，喜饮冷水，呕吐、腹泻、便中带血，多数病例触压剑状软骨部疼痛。在急性症状消退后，病犬头颈部水肿，尤其是眼一侧或双眼发生暂时性角膜混浊水肿，俗称"肝炎型蓝眼病"，出现此症状犬表现羞明、流泪和浆液性眼分泌物，耐过此期的多不死亡，可以自愈，部分病犬出现黄染症状。

2. 呼吸型　病犬体温升高达40℃左右，咳嗽，有浆液性或脓性鼻液，呼吸加快，常伴有扁桃体炎和咽喉炎症状，有的病犬出现肌肉震颤、呕吐、粪便稀薄等。

【诊断要点】

1. 临床症状 “马鞍型”曲线热，触压肝区疼痛，部分出现“蓝眼病”和黄染现象，同时该病与犬瘟热临床症状相似，有时可与犬瘟热混合感染。

2. 实验室诊断

(1)尿液检查 早期出现的蛋白尿和胆红素尿反映了肾脏和肝脏的损伤。

(2)生化检查 肝实质损伤时，丙氨酸转氨酶、天门冬氨酸转氨酶、碱性磷酸酶、乳酸脱氢酶等血清酶升高。

(3)血常规检查 嗜中性白细胞、淋巴细胞、血小板减少。

(4)镜检 肝组织染片镜检可发现肝细胞内包涵体。

【治疗方案】

处方 1 五联高免血清，1 毫升/千克体重，皮下注射，每天 1 次，连用 3 天。

处方 2 重组干扰素，10 万～20 万单位/次，皮下注射或肌内注射，隔 2 天 1 次。

处方 3 犬免疫球蛋白，2～4 毫升/次，肌内注射。

处方 4 胸腺肽，5～10 毫克/次，肌内注射，每天或隔天 1 次。

处方 5 聚肌胞注射液，0.2～0.4 毫升/千克体重，皮下注射，每天 1 次，连用 3 天。

处方 6 利巴韦林注射液，10～15 毫克/千克体重，皮下注射或肌内注射，每天 1 次。

处方 7 氨苄西林钠，50～100 毫克/千克体重，皮下注射或肌内注射，每天 2 次。

处方 8 头孢唑啉钠，50～100 毫克/千克体重，静脉注射、皮下注射或肌内注射，每天 2 次。

处方 9 肝炎灵注射液，0.2 毫升/千克体重，肌内注射，每天

1 次，连用 5～7 天。

处方 10　清开灵注射液，0.2～0.4 毫升/千克体重，皮下注射或静脉注射，每天 1 次，连用 3 天。

处方 11　速尿注射液，5 毫克/千克体重，皮下注射，每天 1～2 次。

处方 12　强力宁注射液，4～8 毫升/次，静脉注射。

处方 13　10%葡萄糖，100～200 毫升，肝利欣注射液 5～10 毫升，维生素 C 0.5～1 克，静脉注射，降低转氨酶。

处方 14　肝泰乐注射液，100～200 毫克/次，肌内注射。

处方 15　肌苷注射液，25～50 毫克/次，口服或肌内注射。

处方 16　复合维生素 B 注射液，2～4 毫升/次，皮下或肌内注射，每天 2 次。

处方 17　林格氏液，50～80 毫升/千克体重，三磷酸腺苷二钠 10 毫克/千克体重，辅酶 A 20 单位/千克体重，肌苷注射液 10 毫克/千克体重，维生素 C 50 毫克/千克体重，50%葡萄糖 10～30 毫升，混合 1 次静脉注射。

处方 18　5%葡萄糖注射液，100～200 毫升，白蛋白注射液 1～10 毫升混合静脉注射。

处方 19　阿托品、普鲁卡因青霉素外用点眼。

处方 20　盐酸羟苄唑滴眼液，滴眼 1～2 次/小时，用于病毒性角膜炎、结膜炎。

处方 21　龙胆草 6 克，柴胡 4 克，栀子 4 克，黄芩 4 克，当归 3 克，生地黄 4 克，木通 3 克，车前子 3 克，泽泻 3 克，炙甘草 4 克(10 千克体重以上的病犬药量酌加)。加水适量煎至 1 000 毫升。另加口服补液盐(ORS)灌服。每天 1 剂，连用 5 天。

【用药分析】　①病毒侵害肝细胞，正常蛋白质不能在肝脏合成，造成血浆白蛋白不足，引起渗透性水肿，因此在发病中期使用白蛋白有一定疗效。②提高肝脏的解毒功能可用维生素 C、肌苷等。③恢复肝细胞的功能可适当使用肝利欣、复合维生素 B 以加快本病痊愈。④速尿可促进水肿液的排出，但用量不要过大，疗程不能太长。⑤由于该病损伤肝脏，用药过程中尽量使用对肝脏损伤小的药物，尤其是消炎药的使用，以减轻肝脏负担。⑥在传染性肝炎的恢复期应适当选用葡萄糖醛苷 10～20 毫克肌内注射，可提高肝脏处理胆红素的能力。

【要点总结】 ①因病毒侵害肝细胞，该病恢复较慢。②该病的蓝眼症状多数是一过性的，因此不要把蓝眼作为诊断该病的惟一依据。③由于病毒侵害肝细胞，正常蛋白质不能在肝脏合成，因而血液中白蛋白降低出现渗透性水肿，尤其头颈部和角膜明显。同时间接胆红素不能被肝脏正常处理加工，造成间接胆红素在血液中蓄积出现黄染。④治疗期间应精心护理，喂给易消化的食物和清洁饮水。⑤本病最好的预防措施是免疫接种。

四、犬冠状病毒感染

犬冠状病毒感染是由犬冠状病毒引起的一种以胃肠炎为主要症状的传染病。临床上以厌食、剧烈呕吐、水样腹泻及迅速脱水为特征。

【临床症状】 病初精神不振，不食，持续呕吐，先呕吐食物，后吐酸性黄色黏液。随后开始腹泻，先排糊状或半糊状粪便，以后变成绿色或黄色，灰白色恶臭水样便，后逐渐变成咖啡色或果酱色血便。严重病犬排便时呈喷射状。随着剧烈腹泻的发展，病犬迅速脱水，体重急剧下降，并表现懒动，嗜睡，衰弱，厌食等。体温正常或偏高，大多数犬 7～10 天恢复正常，15 天后又可能复发。日龄小的幼龄犬，多在发病后 1～2 天死亡，成年犬几乎不死亡。

【诊断要点】

1. 流行病学　本病的发病率与犬群密度成正比，多发生于冬季，幼龄犬病死率较高，随着年龄增长而降低，成犬几乎不死亡。

2. 病理剖检 病犬成轻重不一的胃肠炎症状，多数犬的体温不高，剖检尸体严重脱水，肠壁薄，肠道扩张，肠内充满白色或黄绿色液体，肠黏膜充血或出血，严重脱落，脾及肠系膜淋巴结肿大。

3. 鉴别诊断 该病经常和犬细小病毒、轮状病毒及其他胃肠道疾病混合感染，临诊过程中若犬出现严重的呕吐、腹泻情况，可先排除犬细小病毒病，若排除了犬细小病毒可怀疑本病。

【治疗方案】

处方 1 氨苄西林，50～100 毫克/千克体重，静脉注射或皮下注射，每天 2 次。

处方 2 头孢唑啉钠，50～100 毫克/千克体重，静脉注射或肌内注射，每天 1～2 次。

处方 3 头孢哌酮钠，50～100 毫克 /千克体重，静脉注射或皮下注射，每天 1～2 次。

处方 4 庆大霉素注射液，3～5 毫克/千克体重，肌内注射或静脉注射，每天 2 次。

处方 5 阿米卡星注射液，10～15 毫克/千克体重，肌内注射或静脉注射，每天 2 次。

处方 6 恩诺沙星注射液，2.5～5 毫克/千克体重，皮下注射，每天 2 次。

处方 7 甲氧氯普胺注射液，0.2～0.5 毫克/千克体重，皮下注射，每天 1～3 次。

处方 8 双八面体蒙脱石粉，250～500 毫克/千克体重，口服，每天 2 次。

处方 9 林格氏液 50～80 毫升/千克体重，三磷酸腺苷二钠 10 毫克/千克体重，辅酶 A 20 单位/千克体重，肌苷注射液 10 毫克/千克体重，维生素 C 注射液 50 毫克/千克体重，50%葡萄糖注射液 10～30 毫升，混合 1 次静脉注射。

处方10 庆大霉素注射液4万～8万单位,山莨菪碱注射液2～10毫克,后海穴(肛门上方,尾根下方的交界凹陷处)注射,每天1次。

处方11 葛根5克,黄芩3克,黄连2克,地榆3克,神曲4克,山楂4克,木香1克,甘草2克(5千克体重犬的1次量),水煎取汁,灌服或直肠注入,每天1剂,连用3～4天。

【要点总结】 ①本病一年四季均可发生,但以冬季多发。②该病较犬细小病毒病表现轻,对症治疗后大部分犬可痊愈。但由于本病易与犬细小病毒病、轮状病毒病混合感染,使得病情加重,常发生死亡。③本病复发率较高,且大多在症状消失后的1～2周复发。因此,犬群中一旦发生此病,很难在短时间内控制其流行和传播。④根据笔者经验,该病和犬细小病毒病比较,肠管出血较轻,且以后部肠管出血为主,药物止血容易奏效。

五、犬轮状病毒感染

犬轮状病毒感染是一种由犬轮状病毒引起的以腹泻为特征的急性接触性传染病,主要侵害新生幼龄犬,成犬多呈亚临床感染。

【临床症状】 精神沉郁,食欲减退,不愿走动,呕吐,腹泻,粪便呈黄绿色,有的混有黏液或少量血液,有恶臭,体温一般正常。年龄较小或脱水严重时常导致死亡。

【诊断要点】

1. 临床症状 5月龄以下幼龄犬多发,且与其他病毒性疾病不同的是病犬自始至终精神、食欲正常,可作为临床鉴别的依据。

2. 鉴别诊断 本病易与寄生虫性肠炎、细菌性肠炎、消化不良相混淆,诊断时可先做虫卵检验以排除寄生虫;消化不良多由不良饮食引起,可通过询问宠物主人加以排除。

【治疗方案】

处方 1　利巴韦林注射液,10～15 毫克/千克体重,皮下注射、肌内注射或静脉注射,每天 1 次。

处方 2　氨苄西林钠,50～100 毫克/千克体重,肌内注射或静脉注射,每天 2 次。

处方 3　头孢拉定,50～100 毫克/千克体重,肌内注射或静脉注射,每天 2 次。

处方 4　庆大霉素注射液,3～5 毫克/千克体重,肌内注射或静脉注射,每天 2 次。

处方 5　地塞米松磷酸钠注射液,0.5 毫克/千克体重,肌内注射,每天 1 次。

处方 6　双八面体蒙脱石粉,250～500 毫克/千克体重,口服。

处方 7　葡萄糖甘草酸胺溶液或葡萄糖氨基酸溶液自由饮用。

处方 8　林格氏液 50～80 毫升/千克体重，三磷酸腺苷二钠 10 毫克/千克体重,辅酶 A 20 单位/千克体重,肌苷注射液 10 毫克/千克体重,维生素 C 50 毫克/千克体重,50%葡萄糖注射液 10～30 毫升,混合 1 次静脉注射。

【用药分析】　①临床用药原则:“能吃药不打针,能打针不输液”,而该病以腹泻为主,多数犬不发生呕吐症状,因此应充分利用口服给药方法治疗,这样不但方便,而且药物直达病灶,提高治愈率。②轮状病毒感染时,多数已继发细菌感染,在用药过程中适量使用抗生素可提高治愈率。③当病犬剧烈腹泻、脱水严重时可选用注射给药以补充体液。

【要点总结】　该病表现较轻,对症治疗后大部分犬可痊愈。但由于本病易与犬细小病毒、冠状病毒病混合感染,使得病情加重,发生死亡。

六、犬疱疹病毒感染

犬疱疹病毒感染是由疱疹病毒引起的一种新生幼龄犬的急性、致死性传染病。

【临床症状】 3周龄以下的幼龄犬可引起致死性感染，初期病犬痴呆，精神沉郁、不吃奶、体软无力、呼吸困难，触诊腹部敏感疼痛、粪便稀软，色黄。体温一般不高，犬不停嚎叫、不安、颤抖。3周龄以上的犬常表现鼻炎症状，有浆液性鼻漏，鼻黏膜表面广泛性斑点状出血，股内侧皮肤可变成红色丘疹。病犬后期角弓反张，癫痫，知觉丧失。大多数犬在出现症状后2天内死亡。康复犬可造成永久性神经症状，运动失调、失明等。

成年母犬，以生殖道感染为主，阴道黏膜弥漫性小泡状病变，可造成妊娠母犬流产、死胎和不孕等。公犬可见阴茎和包皮慢性炎症，包皮内可有大量脓性分泌物。

【诊断要点】 该病常以不同年龄、不同性别出现不同的临床症状，诊断时常综合分析做出初步诊断。3周龄以下的犬多以死亡而告终，大于3周龄的犬主要以上呼吸道感染症状出现。当继发感染时可引起肺炎症状使病情加重。成年公、母犬以生殖器官炎症为主，确诊需进行电镜观察和免疫学检查。

【治疗方案】

处置1　流行期间给幼龄犬腹腔或皮下注射康复母犬的血清或犬高免血清有一定的保护作用，但必须是在仔犬发病早期。

处置2　对出现上呼吸道症状的病犬可用广谱抗生素和抗病毒药物防止继发感染。

处置3　将病犬置于38℃的环境中，有利于提高本病的治愈率，帮助病犬早日康复。

【要点总结】 ①本病目前疫苗研制进展不大，现没有疫苗可用，发病时可用康复的母犬或仔犬自制血清进行注射，可防止感染的幼龄犬死亡。②本病关键在于预防，平时做好圈舍卫生，及时淘汰发病成年公、母犬。③本病仔犬主要通过母源抗体被动免疫，因此及早吃到初乳至关重要。

七、犬传染性喉气管炎

传染性喉气管炎由犬腺病毒Ⅱ型引起，临床以持续性高热、阵发性咳嗽、浆液性至黏液性鼻漏、扁桃体炎、喉气管炎和肺炎为主要特征。

【临床症状】 本病潜伏期为 5～6 天，持续性发热，体温 39.5 ℃左右。咳嗽，流浆液性鼻液，病初表现 6～7 天阵发性干咳，后表现湿咳并有痰液，呼吸急促，人工压迫气管即可出现咳嗽。听诊有气管啰音，口腔、咽部检查可见扁桃体肿大，咽部红肿。症状继续发展可引起坏死性肺炎，病犬表现精神沉郁、不食，并有呕吐和腹泻症状出现。本病与犬瘟热、犬副流感病毒和支气管败血波氏杆菌混合感染时，大多预后不良。

【诊断要点】

1. 流行病学 从临床发病情况统计，该病多见于 4 个月以下的幼龄犬，在幼龄犬可以造成全窝或全群咳嗽。

2. 鉴别诊断 该病往往易与犬瘟热、犬副流感病毒及支气管败血波氏杆菌混合感染，混合感染的犬预后不良。

【治疗方案】

处方 1 犬六联高免血清，0.5～1 毫升/千克体重，肌内注射，每天 1 次，连用 3～5 天。

处方 2 免疫球蛋白，2～4 毫升/次，肌内注射，每天 1 次，连用 3～4 天。

处方 3 利巴韦林注射液，10～15 毫克/千克体重，肌内注射或静脉注射，每天 1 次。

处方 4　双黄连注射液，1～4 毫升/次，肌内或静脉注射。

处方 5　清开灵注射液，1～4 毫升/次，肌内注射或静脉注射。

处方 6　氨苄西林，50～100 毫克/千克体重，静脉注射或肌内注射，每天 1～2 次。

处方 7　头孢唑林钠，50～100 毫克/千克体重，静脉注射或肌内注射，每天 1～2 次。

处方 8　头孢曲松钠，50～100 毫克/千克体重，静脉注射或皮下注射，每天 2 次。

处方 9　头孢哌酮钠，50～100 毫克/千克体重，静脉注射或皮下注射，每天 2 次。

处方 10　阿米卡星注射液，5～15 毫克/千克体重，肌内注射或皮下注射，每天 1～3 次。

处方 11　恩诺沙星注射液，2.5～5 毫克/千克体重，皮下注射，每天 1 次。

处方 12　氨茶碱注射液，10～15 毫克/千克体重，肌内注射或静脉注射。

处方 13　喘定注射液，100～250 毫克/次，肌内注射或静脉注射。

处方 14　地塞米松磷酸钠注射液，0.5 毫克/千克体重，口服或肌内注射，每天 1～2 次。

处方 15　咳必清片，1～2 毫克/千克体重，口服，每天 3 次，用于干咳。

处方 16　必咳平片，0.5～1 毫克/千克体重，口服，每天 2 次，用于湿咳。

【用药分析】　①本病疗程较长，前 3 天治疗药量要足，以控制病情，随后应给予维持量。②注射给药的同时应配合口服给药，尤其是不能注射的中草药，以增加注射药物的疗效。

【要点总结】 ①本病治疗起来恢复较慢,必须用药1～2个疗程甚至更长时间才能彻底痊愈,因此应与宠物主人沟通好,要坚持治疗,以免留下后遗症。②发现该病后应马上隔离,犬舍及环境用2%氢氧化钠溶液和3%来苏儿消毒。③预防接种时多采用多价苗联合进行免疫,其免疫程序同犬瘟热。

八、犬传染性气管支气管炎

犬传染性气管支气管炎是由多种病原引起的病毒性呼吸道传染病,临床上以阵发性咳嗽,气管、支气管炎和鼻炎等为主要特征。本病可侵害任何年龄的犬。

【临床症状】 病初体温升高至39.5℃左右,持续性干咳,特别是在早晚,气温变化和运动时加剧。初流清涕,以后流浆液性、黏液性或脓性鼻涕。单一病原感染时,症状较轻,治疗时间短,如多种病原感染时,体温上升40℃以上,反复持续性干咳,有的呈阵发性、痉挛性咳嗽,并呈腹式呼吸,听诊支气管呼吸音粗厉,肺部干性啰音,如治疗不及时可转为支气管肺炎。

【诊断要点】

1. 临床症状 突发性咳嗽,运动、兴奋或气候变化时加剧。

2. 实验室诊断 病初白细胞正常,后期嗜中性粒细胞增加,并发生核左移。混合感染严重的犬X线摄片可见肺部纹理增强。

【治疗方案】

处方1 五联或六联高免血清,0.5～1毫升/千克体重,肌内注射,连用3～4天。

处方2 胸腺肽,5～10毫克/千克体重,肌内注射,每天或隔天1次,连用4～5天。

处方3 利巴韦林注射液,10～15毫克/千克体重,肌内注射或静脉注射,每天1次。

处方 4　清开灵注射液，0.2～0.4 毫升/千克体重，肌内注射或静脉注射，每天 1 次。

处方 5　双黄连注射液，0.5～1 毫升/千克体重，肌内注射或静脉注射，每天 1 次。

处方 6　头孢曲松钠，50～100 毫克/千克体重，肌内注射或静脉注射，每天 1 次。

处方 7　头孢哌酮钠，50～100 毫克/千克体重，肌内注射或静脉注射，每天 1 次。

处方 8　阿奇霉素，10 毫克/千克体重，静脉注射，每天 1 次。

处方 9　克林霉素磷酸酯，10～20 毫克/千克体重，肌内注射或静脉注射，每天 1～2 次。

处方 10　阿米卡星注射液，10～15 毫克/千克体重，皮下注射或肌内注射，每天 1～2 次。

处方 11　氨茶碱注射液，10～15 毫克/千克体重，肌内注射或静脉注射。

处方 12　喘定注射液，100～250 毫克/次，肌内注射或静脉注射。

处方 13　咳必清片，1～2 毫克/千克体重，口服，每天 3 次，用于干咳。

处方 14　必咳平片，0.5～1 毫克/千克体重，口服，每天 2 次，用于湿咳。

处方 15　氨茶碱注射液，1～2 毫升，地塞米松磷酸钠注射液 5～10 毫克，蒸馏水 40～50 毫升，超声雾化吸入，用于平喘；溴己新 2 毫升，糜蛋白酶 100 单位，蒸馏水 40～50 毫升超声雾化吸入，用于化痰，每次 30 分钟。

【要点总结】　①由于本病病原复杂，且多混合感染，因此治疗时间长短不一。②避免激素类药物（如地塞米松）的使用，以免病程延长。③对于小型品种的犬如吉娃娃、博美、鹿犬等用药量应酌情减少,使用中药制剂应注意过敏反应的发生。④呼吸困难病例宜谨慎输液,并严格控制输液量,防止发生医源性肺水肿。

九、犬副流感病毒感染

犬副流感病毒感染是由副流感病毒引起犬的一种呼吸道传染病,临床上以发热、流涕和咳嗽,病理变化以卡他性鼻炎和支气管炎为主要特征。近年来研究认为,该病毒也可引起急性脑脊髓炎和脑内积水,临床表现为后躯麻痹和运动失调等症状。

【临床症状】 突然发病,体温升高 39.5℃～40.5℃,精神沉郁,厌食,打喷嚏,并流出大量浆液性或黏液性鼻液,结膜发炎,部分病犬出现咳嗽和呼吸困难,扁桃体红肿。若与支气管败血波氏杆菌混合感染时,症状加重,剧烈干咳,眼分泌物增多,肺炎症状明显,病程一般在 3 周以上。11～12 周龄犬死亡率较高,成年犬症状较轻,死亡率较低。有的犬感染后可表现后躯麻痹和运动失调等症状。有的病犬后肢可支撑躯体,但不能行走,膝关节反射和自体感觉不敏感。

【诊断要点】

1. 实验室诊断 犬副流感病毒与其他犬呼吸道传染病的临床表现非常相似,不易区别,确诊需从病犬鼻汁或咽部的分泌物中分离出副流感病毒,也可采用血清中和试验和血凝抑制试验进行诊断。

2. 鉴别诊断 本病在临床上与犬瘟热、传染性喉气管炎、传染性气管支气管炎相似。犬瘟热有双相热等典型症状,传染性喉气管炎多水样鼻液,咽部红肿,扁桃体肿大,传染性气管支气管炎多流脓性鼻汁,肺泡音粗厉和啰音。副流感病毒发热不规则,主要流浆液或黏性鼻汁。

【治疗方案】

处方 1　五联高免血清，0.5～1 毫升/千克体重，肌内注射，每天 1 次，连用 3 天。

处方 2　胸腺肽，5～10 毫克/次，肌内注射，每天或隔天 1 次，连用 4～5 次。

处方 3　利巴韦林注射液，10～15 毫克/千克体重，肌内注射或静脉注射。

处方 4　氨基比林注射液，1～4 毫升/次，肌内注射，每天 1～2 次。

处方 5　氨苄西林，50～100 毫克/千克体重，肌内注射或静脉注射，每天 2 次。

处方 6　头孢曲松钠，50～100 毫克/千克体重，肌内注射或静脉注射，每天 2 次。

处方 7　头孢哌酮钠，50～100 毫克/千克体重，肌内注射或静脉注射，每天 2 次。

处方 8　阿米卡星注射液，10～15 毫克/千克体重，肌内注射，每天 2 次。

处方 9　双黄连注射液，0.5～1 毫升/千克体重，静脉注射，每天 1 次。

处方 10　清开灵注射液，0.2～0.4 毫克/次，肌内注射或静脉注射。

处方 11　氨茶碱注射液，50～100 毫克/次，肌内注射或静脉注射。

处方 12　喘定注射液，100～250 毫克/次，肌内注射或静脉注射。

处方 13　地塞米松磷酸钠注射液，0.5 毫克/千克体重，肌内注射或静脉注射。

处方 14　10%葡萄糖注射液 50～100 毫升，10%葡萄糖酸钙注射液10～20毫升静脉注射，抑制渗出。

处方15　生理盐水20毫升，5％葡萄糖注射液20毫升，卡那霉毒50万单位，鱼腥草5～10毫升超声雾化吸入，每天1次，每次30分钟，连用3～5天。

【用药分析】　①多联高免血清和胸腺肽抑制病毒扩散，增强机体的免疫功能，以提高由严重病毒和细菌感染所致的细胞免疫功能低下状态。②实践证明，头孢菌素、双黄连、利巴韦林等静脉输液，对病毒和细菌引起的呼吸道感染具有较好的治疗作用。

【要点总结】　①犬副流感病毒为条件致病菌，当环境突变，长途运输，感冒受凉等应激反应易诱发本病，因此应加强饲养管理。②咳嗽是犬的一种保护性反射，病初有利于将呼吸道分泌物和病毒排出，此时不宜急于止咳，后期严重咳嗽时可考虑应用止咳药。

十、狂犬病

狂犬病，又称疯狗病、恐水症，是由狂犬病病毒引起的一种人和所有温血动物(犬、猫等)的一种直接接触性传染病。其临床特征是病犬表现狂躁不安，意识紊乱，攻击人、畜，最后麻痹死亡。

【临床症状】　本病的潜伏期长短不一，长者可达数月或1年以上，潜伏期的长短和病原的毒力、感染部位有关。临床上分为以下2个类型。

1. 狂暴型　前期表现精神沉郁，怕光喜暗，反应迟钝，不听主人呼唤，不愿接触人，食欲反常，喜咬异物，吞咽时伸颈困难，唾液增多，后躯无力，瞳孔散大。随后出现极度兴奋，表现为狂暴不安，主动攻击人和其他动物，意识紊乱，喉肌麻痹。之后又出现沉郁，表现疲劳，不爱动，体力稍有恢复后，稍有外界刺激又可起立疯狂，眼睛斜视，自咬四肢及后躯。

2. 麻痹期　以麻痹症状为主，出现全身肌肉麻痹，起立困难，卧地不起，抽搐，舌脱出，流涎，最后因呼吸中枢麻痹或衰竭死亡。

【诊断要点】　患有狂犬病的病犬临床表现为极度兴奋、狂躁、流涎、嘴不能合拢和意识丧失，最终因全身麻痹死亡。

【治疗方案】　预防为主，每年进行狂犬疫苗注射，一旦人被咬伤，应紧急接种狂犬疫苗。

【要点总结】　①人一旦被含有狂犬病病毒的犬咬伤，死亡率几乎100%。所以，宠物犬一定要注意狂犬病的免疫。②对于家养的大型犬一定要圈养、拴养，防止散养咬伤他人，人一旦被不明的犬咬伤后应立即到防疫部门进行紧急免疫。③该病目前无任何药物可以治疗。④病犬对人及其他牲畜危害很大，一旦发现应立即通知有关部门处死。

十一、猫瘟热

猫瘟热即猫泛白细胞减少症，又称传染性肠炎，是由猫泛白细胞减少症病毒引起的猫科动物的一种高度接触性传染病，临床上以高热、呕吐、腹泻、脱水和白细胞减少为特征。

【临床症状】　潜伏期2～9天，急性型24小时内死亡，亚急性型病程为7天左右，一般发病后耐过7天而经过专业兽医正确治疗的猫可痊愈，表现为高热40℃以上，呈双相热，精神差，不吃，呕吐物开始为食物，后为胃液，呈黄绿色，属于顽固性呕吐，腹泻发生在病后3天左右，后期肠道出血呈咖啡色，高度脱水。

【诊断要点】

1. 流行病学　根据是否接种猫瘟疫苗，有无与病猫接触可初步诊断。

2. 临床症状　体温双相热，呕吐与腹泻共存是重要诊断依据。

3. 试纸诊断　猫瘟热诊断试纸，检出率高。

【治疗方案】

处方 1　抗猫瘟热血清，2～4 毫升/千克体重，皮下注射或肌内注射，每天 1 次，连用 2～3 天。

处方 2　利巴韦林注射液，10～15 毫克/千克体重，皮下注射或肌内注射，每天 1 次。

处方 3　双黄连注射液，0.5～1 毫升/千克体重，皮下注射或肌内注射，每天 1 次。

处方 4　氨苄西林钠，50～100 毫克/千克体重，静脉注射、皮下注射或肌内注射，每天 2 次。

处方 5　头孢唑林钠，50～100 毫克/千克体重，静脉注射、皮下注射或肌内注射，每天 2 次。

处方 6　头孢曲松钠，50～100 毫克/千克体重，肌内注射或静脉注射，每天 1～2 次。

处方 7　庆大霉素注射液，3～5 毫克/千克体重，肌内或静脉注射，每天 2 次。

处方 8　恩诺沙星注射液，2.5～5 毫克/千克体重，皮下注射，每天 2 次。

处方 9　地塞米松磷酸钠注射液，0.5 毫克/千克体重，肌内注射，每天 1～2 次。

处方 10　甲氧氯普胺注射液，0.2～0.5 毫克/千克体重，皮下注射，每天 1～3 次。

处方 11　爱茂尔注射液，0.5 毫升/千克体重，肌内注射，每天 2～3 次。

处方 12　林格氏液或复方乳酸林格氏液与 5% 葡萄糖 1∶1 按 50～100 毫升/千克体重，并加入 ATP、辅酶 A、维生素 C、维生素 B_6 等补充体液。

处方 13　云南白药，保留灌肠。

【用药分析】　含酚类药物（如对乙酰氨基酚等）禁用于猫。

【要点总结】 ①定期接种猫瘟疫苗，病猫应隔离，由于次氯酸对猫瘟病毒有杀灭作用，用次氯酸消毒环境（如动物医院、家庭）效果确实。②选择好的血清是必需的。③如果猫未接受血清治疗而耐过的，则终身免疫；注射过血清的，应20天后再接种猫瘟疫苗。

十二、猫传染性鼻气管炎

猫传染性鼻气管炎是由猫疱疹病毒Ⅰ型引起的猫的一种急性、高度接触性上呼吸道疾病，临床特征为打喷嚏、流泪、卡他性鼻炎和结膜炎，主要侵害幼龄猫。

【临床症状】 本病潜伏期2～6天，幼龄猫比成年猫易感染，症状严重。病初患猫体温升高，上呼吸道症状明显，表现为突然发作，阵发性喷嚏、咳嗽、羞明、流泪、结膜炎、鼻腔分泌物增多，食欲减退、体重下降、精神沉郁，鼻液先为浆液性后为脓性。急性病例症状通常持续10～14天，幼龄猫死亡率可达20%～30%，成年猫死亡率低。成年猫可见有结膜充血、水肿、舌、硬腭、软腭、口唇可发生溃疡。耐过猫多转为慢性，表现为咳嗽、呼吸道阻塞及鼻窦炎症状，个别猫可造成慢性角膜炎、结膜炎和失明等。

【诊断要点】

1. 临床症状　体温40℃以上，咳嗽，打喷嚏，鼻流浆液性鼻液，眼结膜充血、水肿、角膜树枝状充血，流泪。

2. 病理剖检　鼻腔、喉头弥漫性充血，严重时黏膜有坏死，扁桃体肿大，大小支气管、喉黏膜有局灶性坏死。

3. 鉴别诊断　本病易与猫杯状病毒、猫弓形虫、气管支气管炎相混淆。

【治疗方案】

处方1　康复猫血清，1～2毫升/千克体重，皮下注射，每天1次。

处方2　利巴韦林注射液，10～15毫克/千克体重，皮下注射或肌内注射，每天1次。

处方3　氨苄西林钠，50～100毫克/千克体重，静脉注射或肌内注射，每天1～2次。

处方4　头孢唑啉钠，50～100毫克/千克体重，皮下注射或肌内注射，每天1～2次。

处方5　头孢哌酮钠，50～100毫克/千克体重，皮下注射或肌内注射，每天1～2次。

处方6　恩诺沙星注射液，2.5～5毫克/千克体重，皮下注射，每天2次。

处方7　2%～3%硼酸溶液冲洗眼部，然后用氯霉素眼药水点眼，每天4～8次，也可用病毒灵眼药水点眼。

处方8　卡那霉素注射液50万单位，麻黄素溶液1毫升，地塞米松磷酸钠注射液1毫升，混合滴鼻，每天4～6次。

处方9　麻黄碱溶液1毫升，氢化可的松注射液2毫升，青霉素钠80万单位混合滴鼻，每天4～6次，用于鼻炎症状明显的病例。

处方10　维生素A胶囊，口服，用于口腔损伤严重病例。

【要点总结】　①该病没有较好的治疗方法，只能对症治疗防止继发感染。②健康免疫，2月龄首次进行免疫，以后6个月1次加强免疫。③加强饲养管理，保持室内清洁卫生，并经常消毒。

十三、猫杯状病毒病

猫杯状病毒病是由猫杯状病毒引起的一种病毒性上呼吸道疾病，本病主要侵害幼龄猫的上呼吸道，以鼻炎、咽炎、舌炎、支气管炎为特征。

【临床症状】　1岁以上的猫症状轻，打喷嚏，流浆液性鼻液，流泪流涎，精神、食欲差，口腔溃疡；也有角膜炎和肌肉疼痛的病例出现。病毒毒力较强时，可发生肺炎而表现呼吸困难。病程一般7～10天，如果不继发感染常能自愈。1～3月龄的猫，体温在40℃以上，精神高度沉郁，呼吸困难，鼻流黏液脓性分泌物，肺部听诊有啰音，病程5天左右，死亡率可达40%以上。

【诊断要点】

1. 实验室诊断　取结膜刮取物和鼻液，用猫源细胞培养进行病毒分离确诊。

2. 鉴别诊断　临床上猫呼吸道症状由多种病因引起，不易鉴别诊断，特异性口腔部位溃疡是一个特征，可作为诊断依据。

【治疗方案】

处方1　3%硼酸溶液洗眼后，再用吗啉胍眼药水和氯霉素眼药水交替滴眼，主要用于发生结膜炎病例。

处方2　麻黄碱溶液1毫升，氢化可的松注射液2毫升，青霉素钠80万单位或庆大霉素注射液4万～8万单位混合滴鼻，每天4～6次，用于鼻炎病例。

处方3　0.1%高锰酸钾溶液冲洗口腔，然后吹入冰硼散，每天2～3次，用于口腔溃疡严重病例，也可涂擦碘甘油。

处方4　利巴韦林注射液，10～15毫克/千克体重，肌内注射或静脉注射，每天1次。

处方5　氨苄西林钠，50～100毫克/千克体重，静脉注射、皮下注射或肌内注射，每天1～2次。

处方6　阿米卡星注射液，10～15毫克/千克体重，肌内注射，每天2次。

处方7　头孢拉定，50～100毫克/千克体重，静脉注射、皮下注射或肌内注射，每天1～2次。

处方8　恩诺沙星注射液，2.5～5毫克/千克体重，口服、静脉注射或皮下注射，每天2次。

处方 9　双黄连注射液，1～4 毫升/千克体重，肌内注射，每天 1 次。

【要点总结】 ①本病无较好治疗方法，主要对症治疗鼻、口腔和眼部的病变；抗生素控制细菌继发感染，如有必要则静脉输液。②预防可选择进口猫三联疫苗进行免疫接种，效果确实。③杯状病毒病是猫的一种多发病，发病率较高，但死亡率低。

十四、猫肠管冠状病毒病

猫肠管冠状病毒病是由猫肠管冠状病毒引起的猫的一种新的肠管传染病，本病主要感染 6～12 周龄的幼龄猫，主要特征是呕吐、腹泻和中性粒细胞减少。

【临床症状】 病初体温升高，精神差，厌食，而后出现呕吐，肠蠕动音加快，腹泻、脱水、肛门肿胀。如果不继发细菌感染，常能自愈。

【诊断要点】

1. 流行病学 根据临床症状和流行情况可做出初步判断，确诊困难，以粪便中(电镜下观察)发现病毒为准。

2. 鉴别诊断 急性期血中的中性粒细胞下降 50%以下，应注意与猫瘟热鉴别诊断。

【治疗方案】

处方 1　重组干扰素，30 万单位，口服，每天 1 次。

处方 2　泼尼松龙注射液，2～4 毫克/千克体重，口服，每天 1～2 次。

处方 3　环磷酰胺，2 毫克/千克体重，口服，每天 1 次，连用 4 天，可与泼尼松类药物合用。

处方 4　利巴韦林注射液，10～15 毫克/千克体重，皮下注射或肌内注射，每天 1 次。

处方 5　地塞米松磷酸钠注射液，0.5 毫克/千克体重，口服或肌内注射，每天 1～2 次。

处方 6　苯丁酸氮芥，0.5 毫克/千克体重，口服，每周 2～3 次。

处方 7　氨苄西林，50～100 毫克/千克体重，静脉注射、皮下注射或肌内注射，每天 1～2 次。

处方 8　阿米卡星注射液，10～15 毫克/千克体重，皮下注射或肌内注射，每天 2 次。

处方 9　庆大霉素注射液，3～5 毫克/千克体重，肌内或静脉注射，每天 2 次。

处方 10　甲氧氯普胺注射液，0.2～0.5 毫克/千克体重，皮下注射，每天 1～3 次。

处方 11　爱茂尔注射液，0.5 毫升/千克体重，肌内注射，每天 1～3 次。

处方 12　林格氏液与 5% 葡萄糖注射液 1∶1 按 50～60 毫升/千克体重，并加入 ATP 20 毫克，辅酶 A 50 单位，维生素 C 注射液 0.5 克，维生素 B_6 100 毫克，静脉注射。

【要点总结】　①对症治疗为主，止吐，止泻，静脉补液，抗生素控制细菌感染，免疫球蛋白对病猫有益。②本病毒对环境抵抗力差，一般消毒药就能将其杀死，可用 0.2% 的甲醛溶液或 0.5% 的苯酚溶液。

十五、猫白血病

猫白血病是指因造血系统和淋巴系统细胞肿瘤化引起的在病理形态上表现不同类型的恶性肿瘤疾病的总称。猫的白血病有两种类型，一类是表现为淋巴瘤、成红细胞性或成髓细胞性白血病。另一类主要是免疫缺陷病毒，这类疾病与前一类的细胞异常增强相反，主要以细胞损害和细胞发育障碍为主，表现为胸腺萎缩，淋巴细胞减少，嗜中性白细胞减少，骨髓红细胞系发育障碍引起的贫血等。

【临床症状】 本病的潜伏期一般较长，症状多种多样，一般可分为肿瘤性疾病和免疫抑制性疾病 2 类。

1. 肿瘤性疾病

(1)消化道淋巴瘤　主要以消化道淋巴组织出现 B 细胞性淋巴瘤为特征。有时可波及脾脏、肝脏和肾脏。临床上表现食欲减退、体重减轻、黏膜苍白、贫血，有时有呕吐、腹泻等症状。

(2)多发性淋巴瘤　全身多处淋巴结肿大，躯体浅表的淋巴结常可用手触及，临床上表现消瘦、精神沉郁等症状。

(3)胸腺淋巴瘤　瘤细胞常具有 T 细胞特征，严重者整个胸腺组织被肿瘤所替代，肿瘤波及纵隔前部和纵隔淋巴结。由于肿瘤占据部分胸腔压迫心脏及肺，引起呼吸困难、心力衰竭。该病同时伴有大量的胸水积于胸腔。由于肿瘤压迫食管可见有猫在采食时有吞咽困难的症状。

(4)淋巴白血病　这种类型常具有典型症状，表现为初期骨髓细胞的异常增生。由于白细胞引起脾红髓扩张会导致恶性白细胞的扩散及脾肿大、肝肿大、淋巴结轻度至中度肿胀，临床上出现间歇热、食欲下降、机体消瘦、黏膜苍白、黏膜和皮肤上有出血点。

2. 免疫抑制性疾病　主要是白血病病毒对 T 细胞，尤其是未成熟的胸腺淋巴细胞有较强的致病作用，从而使 T 细胞数量减少和功能下降，胸腺萎缩，使 T 细胞对促有丝分裂的原母细胞反应降低。白血病病毒的囊膜蛋白抗原具有免疫抑制作用，由于以上原因造成了机体的防卫功能丧失，白细胞下降，使机体无能力防护外来病原菌的侵入，最终全身感染死亡。

【诊断要点】 患有本病的猫死亡的主要原因为贫血、感染和白细胞减少。

【治疗方案】

处方 1 健康猫血浆或血清静脉输液。

处方 2 利用放射性疗法可抑制胸腺淋巴瘤的生长，对于全身性淋巴结肉瘤具有一定疗效。

【要点总结】 ①猫的白血病病毒主要引起猫的感染，无性别品种差异，幼龄猫较成年猫易感，该病毒不传染人，不会对人类健康构成威胁。②目前还没有特异性疗法，一旦发生典型临床症状，应施行安乐死术。

十六、猫传染性腹膜炎

本病由猫传染性腹膜炎病毒引起的猫科动物的一种慢性进行性传染病，临床上以腹膜炎、大量腹水积聚或各种脏器出现肉芽肿及死亡率高等为特征。

【临床症状】 发病初期症状不明显或不具特征性症状，病猫体重减轻，食欲减退或间歇性厌食，随后表现体温升高 39.7℃～41℃，可见有较轻的呼吸道症状。7～40 天后可见有明显的腹围增大，腹腔内积有大量的腹水，腹壁触诊时一般没有明显的疼痛，随着腹围逐渐增大，病猫可表现有呼吸困难、贫血、消瘦，病程数周后衰竭死亡，也有些病例表现为眼、中枢神经、肾脏和肝脏损害等症状。

【诊断要点】 该病毒对眼、中枢神经、肾脏和肝脏有一定的亲和力。可见有角膜炎、结膜炎症状；中枢神经受损时可表现后躯运动障碍、运动失调、痉挛；肝脏受侵害时，可见有黄疸、消化不良症状；肾受损时，可触之肾肿大、贫血、蛋白尿症状。

【治疗方案】

处方 1 重组干扰素，30 万单位，口服，每天 1 次。

处方 2 泼尼松片，2～4 毫克/千克体重，口服，每天 1～2 次，可与环磷酰胺合用。

处方 3　环磷酰胺片，2 毫克/千克体重，口服，每天 1 次，连用 4 天，可与泼尼松类药物合用。

处方 4　氨苄西林，50～100 毫克/千克体重，皮下注射或肌内注射，每天 2～3 次。

【要点总结】　①目前尚无特异性治疗药物，一般情况给予对症治疗及皮质类固醇药物，可缓解临床症状。②至今尚无疫苗预防，平时注意搞好猫舍卫生，定期消毒。

十七、犬钩端螺旋体病

犬钩端螺旋体病又称犬伤寒，是由致病性钩端螺旋体引起的一种人畜共患传染病。临床上以肾炎、黄疸、出血性素质为特征，犬发病率高，猫较少见。

【临床症状】

1. 急性病例　发病突然，以高热（39℃～41℃）开始，食欲下降至绝食，有饮欲。第二天体温可降至常温，但食欲不能恢复。病犬呕吐初为消化液，后为胆汁或咖啡色液体。第三天至第四天病犬眼结膜、口腔黏膜呈现黄疸，继之全身皮肤黏膜均呈黄色，病犬后躯无力，走路摇摆，喜卧，尿色初呈浓黄色，后呈黄红色。

2. 亚急性病例　以发热、呕吐、厌食、脱水、黄疸及黏膜坏死为特征，病犬口黏膜可见有不规则的出血斑和黄疸；眼部可见有结膜炎症状，眼角可见有黏液性分泌物，同时可见有咳嗽和呼吸困难，病犬有的表现烦渴、多尿等症状，耐过亚急性感染的犬在 2～3 周恢复。

3. 慢性病例　多以急性或亚急性转归而来。常以慢性肝脏、肾脏及胃肠道症状出现，通过对症治疗，大多可恢复，少数出现尿毒症、肝硬化、肝腹水、机体衰竭死亡。

【诊断要点】

1. 流行病学 依据发病季节、临床症状和体温变化可做出初步诊断，确诊需做实验室检验。

2. 实验室诊断 取病犬尿液100毫升，以1 500转/分离心5分钟，取沉淀物在低倍显微镜下暗视野观察可见形似"？"样螺旋体。另外，用10%枸橼酸钠溶液1毫升抗凝，采病犬发热期的血液10毫升，先以1000转/分离心约10分钟弃上清液，取沉淀制成悬滴液，在400～600倍显微镜下暗视野观察，可看到发亮的钩端螺旋体在液滴中游动。

【治疗方案】

处方1 青霉素钠，5万～10万单位/千克体重，皮下注射，每天2次。

处方2 硫酸链霉素，10毫克/千克体重，肌内注射，每天2次，连用2周。

处方3 四环素注射液，10～20毫克/千克体重，皮下注射或静脉注射，每天2次。

处方4 红霉素注射液，10～15毫克/千克体重，静脉注射，每天2次。

处方5 强力霉素片，5毫克/千克体重，口服，每天1次。

处方6 肝泰乐注射液，5毫克/千克体重，肌内注射，每天2次。

处方7 维生素B_{12}注射液，1～2毫升，肌内注射，每天1次。

处方8 5%糖盐水200～500毫升，5%碳酸氢钠注射液10～40毫升混合静脉注射。

处方9 5%糖盐水50毫升/千克体重，ATP 20毫克，辅酶A 100单位，肌苷100毫克，维生素C 0.5克混合静脉注射。

【用药分析】 ①青霉素为首选药，但在用药前应用青霉素溶液点眼做过敏试验，如点眼后潮红、充血，则不宜应用。②本病应早发现、早治疗，必要时可采用输血疗法，以提高治愈率。③对肝损伤严重的犬用ATP、辅酶A、肌苷注射可保肝；对肾脏有损伤的病犬用碳酸氢钠输液，同时减少链霉素的用量。④对体温较高者，可用柴胡注射液5～10毫升肌内注射。⑤呕吐严重者，可用25%的葡萄糖注射液20毫升/千克体重，山莨菪碱0.5～1毫克/千克体重，混合静脉注射。⑥对肌肉僵硬无力者，可用维生素B_{12}注射液0.1～0.2毫升/千克体重分点肌内注射。⑦如出现尿少尿频，可用10%的葡萄糖注射液150毫升，速尿注射液60毫克，混合静脉注射。⑧如出现血便，可用10%葡萄糖100毫升，氨甲苯酸150毫克，止血敏0.5克混合静脉注射。⑨对口腔溃烂严重犬，可每天用0.1%的高锰酸钾溶液清洗口腔2～3次。⑩对于处于恢复期的犬，可用10%的葡萄糖注射液100毫升，加入葡萄糖酸钙1克，缓慢静脉注射，并口服复合维生素B片和乳酸菌素片，能有效恢复病犬的食欲。

【要点总结】 ①钩端螺旋体病是多种动物和人共患的疾病，因此平时应做好个人的卫生防护。②鼠是本病的贮藏宿主，要做好灭鼠工作。③防止病犬和其他犬接触，要进行环境消毒和隔离饲养。④定期注射含有犬钩端螺旋体和出血性黄疸钩端螺旋体菌苗，一般可保护1年。

十八、犬附红细胞体病

犬附红细胞体病是由附红细胞体引起的一种以发热、贫血和黄疸为特征的传染病。

【临床症状】 病初仅见食欲稍差、精神沉郁，随后食欲废绝，出现呕吐、腹泻甚至便血、体温升高、呼吸困难，可视黏膜先苍白后黄染，严重的甚至出现皮肤发黄和黄尿，四肢末梢淤血，淋巴结肿大，尿色棕黄似豆油状，随着病情的延长，全身症状加重。

【诊断要点】

1. 鉴别诊断　自然感染犬多呈隐性经过，常表现单纯无任何征候的发热，可持续1个月或更长时间。混合感染时病情加重，表现为不同程度的贫血、黄疸、发热症状。在诊断上易与犬瘟热、弓形虫病发病早期相混淆。

2. 镜检　取病犬血液压片镜检，可见90%以上红细胞被感染，呈刺球状，表面有多个亮点和突起，血液涂片瑞氏染色检查，红细胞呈紫红色，虫体呈淡蓝色。

【治疗方案】

处方1　血虫净，3.5毫克/千克体重，生理盐水10毫升稀释后，加入10%葡萄糖注射液500毫升中，摇匀后静脉注射。

处方2　新砷凡钠明注射液，15～45毫克/千克体重，肌内注射。

处方3　四环素注射液，3～10毫克/千克体重，肌内注射。

处方4　土霉素注射液，3～10毫克/千克体重，肌内注射。

处方5　左旋咪唑片，5毫克/千克体重，口服，连用7～14天。

处方6　伊维菌素注射液，0.2～0.3毫克/千克体重，皮下注射，5天后重复1次。

处方7　磺胺嘧啶钠注射液，50毫克/千克体重，肌内注射。

处方8　维生素B_{12}注射液，1～2毫升/次，肌内注射，每天1～2次。

处方9　10%葡萄糖注射液100毫升，50%葡萄糖注射液20毫升，ATP 20毫克、维生素C注射液0.5克、肌苷2毫升，静脉注射，用于体质衰弱犬。

处方10　健康犬新鲜血液或代血浆2～5毫升/千克体重，静脉注射，用于贫血严重的犬。

【要点总结】　①本病除采用药物进行病原治疗外，还应采取抗贫血，促进造血功能恢复，纠正酸碱平衡，防治继发感染等综合治疗。②自然感染的犬多呈隐性经过，但若和其他疾病混合感染时可使病情加重，甚至死亡。③该病高发的夏秋季节应注意防潮和蚊蝇叮咬。

十九、破 伤 风

破伤风是由破伤风梭菌侵入伤口，并在伤口内生长繁殖分泌毒素，造成全身功能紊乱。临床上主要表现为运动神经系统应激性增高，全身肌肉持续性痉挛收缩的特征。

【临床症状】 本病潜伏期为5～10天，长的可达几周，受伤的部位离头部越近，发病越快，并且症状也重，可见病犬全身性强直痉挛，牙关紧闭，怕光、怕声音、怕惊吓，稍有刺激病犬即可表现兴奋、肌肉强直、形如木马、口角后吊、两耳直立且靠拢、瞬膜外露、手触病犬全身肌肉僵硬等症。由于呼吸肌痉挛收缩可见有呼吸困难，咬肌收缩使病犬咀嚼吞咽困难。

【诊断要点】

1. 临床症状 病犬肌肉强直痉挛，对音响、强烈光线反应强烈，耳直立靠拢，牙关紧闭，尾直上翘，体温一般正常。

2. 实验室诊断 取伤口深部的分泌物、坏死组织等病料涂片，革兰氏染色后镜检，可见到状如鼓槌的单个或呈短链的阳性菌。采取创伤分泌物或坏死组织进行培养，4～7天过滤或将坏死组织在无菌生理盐水中捣碎，皮下注入小白鼠尾部，一般经2～3天即表现全身肌肉强直，四肢如木马状。

【治疗方案】

处方1 扩创，清理异物和坏死组织，3%过氧化氢溶液、1%高锰酸钾或2%碘酊进行伤口消毒，再撒布碘仿硼酸配合剂或冰片散。

处方2 创伤周围分点注射青霉素、链霉素，以消除感染，减少毒素的产生。

处方 3　破伤风抗毒素,0.2 毫升,皮下注射或做皮试,观察 30 分钟,然后给 30 000～100 000 单位(100～1 000 单位/千克体重),肌内注射、静脉注射或皮下注射,或在创伤组织周围分点注射。

处方 4　氯丙嗪注射液,1～2 毫克/千克体重,肌内注射,每天 1～2 次。

处方 5　苯巴比妥钠注射液 2～4 毫克/千克体重,肌内注射,每天 1～2 次。

处方 6　5%糖盐水 50～200 毫升,ATP 20 毫克、维生素 C 0.5 克、维生素 B_6 100 毫克、肌苷 100 毫克,静脉注射。酸中毒时,可静脉注射 5%碳酸氢钠以缓解症状。

【要点总结】　①破伤风是由破伤风梭菌产生的特异性嗜神经性毒素所致的人、畜共患性传染病,平时应做好人的防护。②犬和其他动物相比,对破伤风毒素的抵抗力较强,临床上多见局部性肌肉强直性收缩为主。③本病必须尽早发现、及时治疗才能见效,晚期病例无治愈可能。

二十、结核病

结核病是由结核分枝杆菌引起的一种人、畜、禽类共患的慢性传染病。犬主要对人型及牛型结核杆菌敏感,在机体多种组织内形成肉芽肿和干酪样钙化灶为特征。

【临床症状】　犬患结核病常是慢性感染,表现为低热、消瘦、咳嗽、贫血、呕吐并伴有腹泻症状出现。肺部结核,常以支气管肺炎症状出现,伴有干咳、呼吸急促、听诊肺部有啰音,体重下降,食欲减退。胃肠道结核,以消化道症状出现,伴有呕吐、消化不良、腹泻、营养不良、贫血、腹部触压可触及腹腔脏器有大小不同的肿块。

骨结核，可表现运动障碍、跛行，易出现骨折。

【诊断要点】

1. 临床症状 不明原因的消瘦、低热、慢性干(湿)咳或痰中夹杂脓血，淋巴结肿大。肺部结核可通过X线透视或摄片检查，可见有钙化灶或空洞影。

2. 实验室诊断 用鼻腔分泌物、痰液、乳汁及其他病灶进行涂片，抗酸染色后进行镜检，可以直接看到结核杆菌。

【治疗方案】

处方1 异烟肼片，10～20毫克/千克体重，口服，每天1次。

处方2 利福平片，10～20毫克/千克体重，口服，每天2～3次。

处方3 链霉素注射液，10毫克/千克体重，肌内注射，每天2～4次。

处方4 必咳平，0.5毫克/千克体重，每天2次。

处方5 咳必清，0.5毫克/千克体重，每天2次。

【要点总结】 ①犬结核病从公共卫生角度考虑，应进行隔离或施行安乐死，避免传染和扩散。②化学药物治疗结核病在于促进病灶愈合，停止向体外排菌，防止复发，而不能真正杀死体内的结核分枝杆菌。③抗结核药物对肝脏、肾脏损害较大，如长期用药，应定期检查肝、肾功能。④猫对链霉素较敏感，不宜使用。

二十一、肉毒梭菌毒素中毒

本病是由于犬吃入含有肉毒梭菌的食物而引起的一种中毒症。临床上以运动中枢神经系统麻痹和延髓麻痹为特征。

【临床症状】 该病的轻重和食入的量呈正比，潜伏期几小时至数天，症状出现的越早说明中毒越严重。病的症状为进行性发展，病初可见有呕吐、腹泻，发展为肢体对称性麻痹，一般由后肢向前肢延伸，进而引起四肢瘫痪，病犬反射功能下降，肌肉张力降低，出现明显运动神经功能障碍。病犬一般体温不高、神志清醒。由于咬肌麻痹、下颌下垂、流涎、咀嚼吞咽困难、两耳下垂、眼睑反射较差、视觉障碍、瞳孔散大，严重的犬可见膈肌张力降低，出现呼吸困难、心功能紊乱，死亡率很高。犬群精神不佳，症状轻重不一，有的站立不稳，有的躺卧不起，对外界反应迟钝。病初两后肢软散无力，很快由后躯向前躯延伸，对称性麻痹，继而四肢瘫痪，触之无反抗。病犬体温不高，未见胃肠道症状，神志清楚，见家人摆动尾巴，有的流涎，吞咽困难，双耳下垂，便秘，尿闭，叫声低沉，重者食欲废绝，瞳孔散大，两眼有脓性分泌物，心律失常，视觉障碍，呼吸麻痹而死。

【诊断要点】

1. 病史　有吃腐败变质的食物史。

2. 神经症状　吃入有肉毒梭菌毒素污染的食物后发病，站立不稳、口吐白沫或流涎，伸舌，从后肢开始向前肢渐进性麻痹，卧地不起；注意和毒物中毒区别。

【治疗方案】

处方 1　立即停喂腐败食物，更换的食物中加入鱼肝油、亚硒酸钠，用口服补液盐饮水，每天 2 次，连用 3～5 天。

处方 2　硫酸卡那霉素注射液，5 万单位/千克体重，每天 2 次。

处方 3　A 型肉毒抗毒素 1 万单位与 B 型肉毒抗毒素 1 万单位混合后肌内注射，间隔 5～10 小时重复 1 次。

处方 4　5％糖盐水 100～1 000 毫升，5％碳酸氢钠注射液 10～50 毫升，混合静脉注射。

处方 5　5％葡萄糖注射液 100 毫升，林格氏液 100 毫升，ATP 20 毫克、维生素 C 0.5 克、维生素 B_6 100 毫克、肌苷 100 毫克混合静脉注射，每天 1 次，连用 2 天。

处方 6　地塞米松磷酸钠注射液 1～2 毫克/千克体重，肌内注射。

处方 7　维生素 B_1 注射液 1～2 毫升，当归注射液 1～2 毫升，肌内注射，每天 1～2 次。

【要点总结】　①动物肉毒梭菌毒素中毒症状与其严重程度取决于摄入体内毒素量的多少及动物的敏感性。②犬肉毒梭菌毒素中毒，临床上以运动神经和延髓麻痹为特征，发生的机制是毒素破坏了胆碱能神经纤维在神经肌肉接头处释放乙酰胆碱，因而使神经肌肉发生麻痹，治愈后一般不留后遗症。③本病没有传染性，只有食入毒素才会引起中毒。④防止让犬食入腐败变质的肉类及食物，饲喂前食物应加热 100℃、10 分钟以上后喂给。

二十二、放线菌病

放线菌病是由放线菌引起的一种人、畜共患慢性传染病，其特征为组织增生成瘤状肿，胸腔脓性炎症和脓肿，猫很少发生。

【临床症状】　犬放线菌病发生于体表皮肤及皮下组织、胸腔、椎骨体，其次为腹腔和口腔，并可从病变部位通过血液循环扩散到脑和其他组织器官。皮肤放线菌病多发于四肢、后腹部和尾巴，发病的皮肤出现蜂窝织炎、脓肿、破溃后可形成窦道，向外不断排出黄色或棕红色分泌物并有恶臭气味。

胸部放线菌感染，可使肺部和胸腔同时发病，临床上出现肺炎和胸膜炎症状，体温升高、咳嗽、胸腔积水，叩、压胸部敏感疼痛，呼吸困难，胸部透视检查可见有胸水，肺部有不同程度的阴影出现。

骨髓炎性放线菌，多发生于第二和第三腰椎及其邻近的椎骨，由于骨质增生、压迫骨髓，临床上多见后躯运动障碍，重的可导致后躯瘫痪。炎症随脊髓上行感染，可导致脑脊髓炎及脑膜炎，出现全身性神经症状。

腹腔型放线菌感染，放线菌由肠管进入腹腔，引起腹膜炎、肠系膜炎、系膜淋巴结炎，临床上可见有体温升高、腹水、消瘦等症状。

【诊断要点】 取脓汁、渗出物和病变组织做涂片，革兰氏染色后镜检，可见到特殊的阳性分枝菌丝形态。也可取脓液中的硫黄色颗粒放置玻片上，盖上玻片，放置显微镜下观察，可见有放射状排列，周围具有菌鞘的放射菌丝，即可确诊。

【治疗方案】

处方 1 外科手术对于皮肤症状，可按脓肿的外科治疗方法切开引流、冲洗。

处方 2 红霉素注射液，10～15 毫克/千克体重，静脉注射，每天 2 次。

处方 3 四环素片，15～22 毫克/千克体重，口服，每天 3 次，连用 14～21 天。

处方 4 林可霉素片，15 毫克/千克体重，口服，每天 3 次，连用 21 天。

处方 5 青霉素钠，10 万～20 万单位/千克体重，肌内注射或静脉注射，每天 2 次。

处方 6 氨苄西林，50～100 毫克/千克体重，静脉注射或肌内注射，每天 1～2 次。

处方 7 头孢噻呋钠，2 毫克/千克体重，皮下注射，每天 1 次，连用 5～14 天。

【用药分析】 ①放线菌对青霉素、链霉素、四环素及磺胺类药物比较敏感，用青霉素类药物治疗放线菌病剂量要大，时间要长，治疗一般需 2～8 个月，直到无临床症状和 X 线摄片正常为止。②对于脓肿破溃的部位结合外科处理进行治疗，用青霉素、链霉素生理盐水冲洗创口，然后创腔内撒入磺胺粉。

【要点总结】 ①放线菌病是由放线菌引起的一种人、畜共患慢性传染病，从公共卫生角度考虑，应对患病犬实施安乐死术。②骨髓炎性放线菌病可导致脑膜炎症状。

二十三、布氏杆菌病

布氏杆菌病是由布氏杆菌感染而引起的一种人、畜共患传染病，以生殖系统侵害为特征。主要表现为睾丸炎、附睾炎、淋巴结炎、关节炎、流产、不育等特征。犬感染布氏杆菌大多呈隐性感染，少数可表现临床症状。

【临床症状】 犬感染布氏杆菌后，一般有 2 周至 6 个月的潜伏期后表现临床症状。母犬多在妊娠 40～50 天发生流产，流产前一般体温不高，阴唇和阴道黏膜红肿，阴道内流出淡褐色或灰绿色分泌物。流产的胎儿常有组织自溶、水肿及皮下出血等特点。部分母犬妊娠后并不发生流产，在妊娠早期胎儿死亡，被母体吸收。流产后的母犬常以慢性子宫内膜炎症状出现，往往屡配不孕。公犬感染布氏杆菌后出现睾丸炎、附睾炎、前列腺炎、包皮炎等症状。病犬除发生生殖系统炎症外，还可发生关节炎、腱鞘炎，运动时出现跛行症状。

【诊断要点】

1. 临床症状 妊娠母犬发生流产或不孕；公犬出现睾丸炎或附睾炎，单侧或双侧睾丸肿大；体表淋巴结肿大，生殖器官炎症和坏死。

2. 实验室诊断 取可疑犬的血液、乳汁、尿液及其他的病变组织直接涂片，革兰氏染色或柯氏染色镜检，发现革兰氏阴性、鉴别染色为红色的球状或短小杆菌即可确诊。

【治疗方案】

处方 1 维生素 C 片，10～15 毫克/千克体重，口服，2 次/天。

处方 2 庆大霉素注射液，3～5 毫克/千克体重，皮下注射或肌内注射，每天 2 次，连用 14 天。

处方 3 硫酸卡那霉素注射液，10～15 毫克/千克体重，肌内注射，每天2次。

处方4　硫酸链霉素，20毫克/千克体重，肌内注射，每天1次，连用14天。

处方5　四环素注射液，25毫克/千克体重，溶入5%葡萄糖注射液中静脉注射，2次/天；或口服四环素，50毫克/千克体重，2～3次/天。

处方6　土霉素片，0.1克/千克体重口服，2次/天。

【用药分析】　①在治疗布氏杆菌病的同时应配合适量维生素C和维生素B_1，效果更佳。②由于布氏杆菌寄生于细胞内，抗生素对其较难发挥作用；对于公犬，药物难以通过血脑屏障，因此治疗比较困难。

【要点总结】　①布氏杆菌病是由布氏杆菌引起的人、畜共患性传染病，平时应做好个人的卫生防护。②对患有布氏杆菌病的犬只严禁留作种用。

二十四、皮肤真菌病

皮肤真菌病又称癣，是由皮肤真菌（小孢子菌属和毛癣菌属）侵入皮肤被毛和爪部，寄生或腐生于表皮、角质、被毛和爪部的角质蛋白组织中所引起的一种真菌性传染病。临床上以皮肤出现界限明显的脱毛圆斑，渗出及结痂等病变为特征。

【临床症状】　病变主要发生在耳部、面部、四肢和躯干等部。病变部首先被毛脱落，形成圆形、椭圆形或被毛断裂病灶，并迅速向四周扩展，互相融合成不规则的片状病变区或呈弥散状。感染的表皮伴有鳞屑并呈红斑状隆起，严重感染时，皮肤发生大面积脱毛。石膏样小孢子菌和须毛癣菌的慢性感染，有时会表现为突然出现大面积的皮肤损伤，损伤的真皮层呈蜂巢状，并有许多小的渗出孔。急性病例病程2～4周，慢性病例持续数月甚至数年。

【诊断要点】

1. 伍氏灯检查 用伍氏灯在暗室里照射被毛、皮屑或者动物的皮损区，犬小孢子菌感染的毛发可发出苹果绿色荧光，而石膏样小孢子菌和毛癣菌感染的毛发无荧光或荧光颜色不同。

2. 直接镜检 取病变部皮肤（鳞屑、痂皮）和被毛等病料，置于载玻片上，滴加1～2滴10%～20%氢氧化钾溶液，在酒精灯上微微加热，待其溶解透明后，加盖玻片，用低倍和高倍镜观察真菌孢子和菌丝。犬小孢子菌多为纺锤形，厚壁、带刺、多隔的大分生孢子。石膏样小孢子菌多为椭圆形，壁薄，带刺的，含有数个分隔的大分生孢子。毛癣菌为链状的，圆形或棒状的分生孢子，多附于毛干上。

【治疗方案】

处方1 抗癣特片（特比萘芬），10～20毫克/千克体重，口服，每天1次，连用1～2周。

处方2 灰黄霉素片，30～40毫克/千克体重，口服，每天1次，连用4周。妊娠犬、猫忌用。

处方3 酮康唑片，10毫克/千克体重，分3次口服，连用2～8周，服药期间忌喂牛奶与碱性食物。

处方4 氟康唑片，10毫克/千克体重，口服，每天1次，连用2～4周。

处方5 伊曲康唑片，5毫克/千克体重，口服，每天1次，连用2～4周。

处方6 患部剪毛，除去痂皮并用3%过氧化氢溶液清洗，特比萘芬喷剂局部喷洒。

处方7 克霉唑软膏，患部涂抹，每天2～3次，连用2～4周。

处方8 癣净软膏，患部涂抹，每天2～3次，连用2～4周。

处方9 达克宁软膏，患部涂抹，每天2～3次，连用2～4周。

【要点总结】 ①犬、猫皮肤真菌病程长、治愈难、易复发。

②皮肤真菌病的治疗主要是外用药和口服药治疗两种方法，口服给药疗效优于局部外用药，局部用药一般是在发病早期或口服给药受到限制时使用。③多数抗真菌药物不良反应大，长期用药剂量过大易造成肝和肾受损。因此，需长期用药时，应定期检查肝、肾功能。

二十五、隐球菌病

隐球菌病是由新型隐球菌感染所引起犬、猫的一种亚急性或慢性深部真菌病，主要侵害中枢神经系统和呼吸系统，亦可侵害骨骼、皮肤、黏膜、眼和内脏组织。

【临床症状】 根据新型隐球菌侵害的部位不同，临床症状各异。对猫主要侵害上呼吸道，打喷嚏，一侧或两侧鼻孔经常排出脓性、黏液性或出血性分泌物，并常混有少量颗粒组织。鼻梁肿胀、发硬，有时出现溃疡。颌下淋巴结和咽部淋巴结肿大变硬，但触压无痛。新型隐球菌偶尔侵害肺，出现咳嗽、呼吸困难，肺部有啰音，甚至出现体温升高等全身症状。

本病多感染犬中枢神经系统，发病后出现精神沉郁、转圈、共济失调、后躯麻痹、瞳孔大小不等、失明以及嗅觉丧失等症状。

病猫的头部可出现丘疹、结节或肿胀，破溃后流脓血，犬周身皮肤都易发病。新型隐球菌侵害眼睛可引起前葡萄膜炎、肉芽肿性脉络膜视网膜炎、视神经炎，出现角膜混浊，有的失明。侵害的骨骼主要是头骨和鼻腔骨。

【诊断要点】 本病诊断主要靠实验室来确诊。取脑脊液、脓汁、尿、粪、血、胸水等标本置于玻片上，加一点墨汁，盖上盖玻片，显微镜下检查可见到圆形的厚壁菌体，外圈有一透光厚膜，子孢子内有一较大反光颗粒。

【治疗方案】

处方 1　两性霉素 B 注射液，0.2～0.5 毫克/千克体重，静脉注射，隔天 1 次，3 次为 1 疗程。

处方 2　氟胞嘧啶钠注射液，25～50 毫克/千克体重，口服，每天 4 次。

处方 3　酮康唑片，10 毫克/千克体重，分 3 次口服，连用 2 周。

处方 4　伊曲康唑片，5～10 毫克/千克体重，口服，每天 1～2 次。

处方 5　氟康唑片，2.5～5 毫克/千克体重，口服，每天 1 次，连用 4～8 周。

处方 6　对于局限性的皮肤隐球菌病可采用手术切除。

【要点总结】　深在性真菌病宜采用静脉用药，浅在性真菌感染采用口服和局部用药。

二十六、念珠菌病

念珠菌病是由白色念珠菌侵入犬、猫体内引起的真菌病，俗称“鹅口疮”，主要特征是口腔、咽、喉等部黏膜溃疡，表现为有灰白色的假膜覆盖，或全身多处脏器出现小脓肿。

【临床症状】　流涎、口臭、不食、在口腔和食管黏膜形成一个或多个隆起软斑，软斑表面覆有黄白色假膜。严重时整个食管被黄白色假膜覆盖，去除假膜，可见潜在性溃疡面，患病犬、猫疼痛不安。如胃肠黏膜也发生散在的小溃疡性病灶时，常出现呕吐和腹泻症状。

除感染消化道外，有时可转移到支气管、肺脏、皮肤、肾脏和心脏。当散播到支气管和肺脏时，可出现咳嗽、胸痛和体温升高等。胃肠道或泌尿生殖道有时也有溃疡。

【诊断要点】

1. 直接镜检　无菌刮取病犬口腔黏膜表面的白色干酪样假

膜，涂片后滴入10%氢氧化钾溶液，加盖玻片，高倍镜观察，可见卵圆形的出芽菌丝。

2. 染色镜检　取白色干酪样假膜、渗出物、痰液涂片，革兰氏染色或瑞氏染色，镜检可见念珠菌呈卵圆形、薄壁、有芽孢的酵母细胞。

【治疗方案】

处方1　0.1%高锰酸钾溶液清洗口腔或皮肤，然后用5%硼酸溶液冲洗，最后口腔黏膜涂布龙胆紫液或冰硼散，皮肤涂布克霉唑软膏或两性霉素B软膏，每天2次，连用1～2周。

处方2　伊曲康唑片，5～10毫克/千克体重，口服，每天1～2次，连用2～4个月。

处方3　制霉菌素片，50万单位/次，口服，每天3次，连用10天。

处方4　酮康唑片，10毫克/千克体重，分3次口服，连用2周以上。

处方5　克霉唑片，15～25毫克/千克体重，口服，每天2次。

处方6　两性霉素B注射液0.15～1毫克/千克体重，5%葡萄糖注射液30～50毫升/千克体重，混合静脉注射，隔天1次，3次为1疗程。

处方7　复合维生素B注射液，1～2毫升/次，肌内注射，每天1次。

处方8　维生素C，1～2毫升/次，肌内注射，每天1次。

处方9　维生素A胶囊，口服。

【要点总结】　①白色念珠菌致病多属内源性感染，长期大剂量使用广谱抗生素和皮质类固醇药物，造成机体正常菌群平衡失调，导致二重感染诱发本病。发现病情立即停用抗生素和激素药物。②念珠菌原发病灶多在口腔，口腔和食管黏膜发病时，应给予流质易消化食物，如不能进食时，应进行补液。③补充维生素可提高动物机体对念珠菌感染的抵抗力，有利于疾病康复。

第三章　宠物寄生虫病

一、蛔 虫 病

犬、猫蛔虫病是由于蛔虫寄生于犬、猫的小肠和胃引起的寄生虫病。本病主要危害幼龄犬、猫，常引起幼龄犬和幼龄猫发育不良、生长缓慢，严重感染时可导致死亡。

【临床症状】 病犬表现为渐进性消瘦、可视黏膜苍白、营养不良、被毛粗乱无光、食欲不振、呕吐、腹泻，偶见呕吐物中有虫体；异嗜，消化功能障碍，大量虫体寄生时可感到肠管套叠界线，有腹痛症状，病犬不时嚎叫，出现套叠或梗阻时，病犬全身情况恶化、不排便。幼龄犬偶见有兴奋，运动麻痹，癫痫性痉挛等神经症状。

【诊断要点】

1. 粪便镜检 粪便做饱和盐水浮集法，可从粪便中检出虫卵(70～80 微米，几乎为圆形，黄褐色，壳厚，表面有许多点状凹陷，呈蜂窝状)。

2. 咳嗽 虫体在肺中移行时，出现咳嗽，重者可造成肺炎症状，体温升高。

3. 神经症状 虫体大量寄生时可分泌毒素，使病犬出现神经症状。

4. 腹泻腹痛 蛔虫虫体较大，易对肠黏膜产生机械性刺激，阻塞肠管，引起腹泻和腹痛。

【治疗方案】

处方 1　左旋咪唑片，8～10 毫克/千克体重，口服，每天 1 次，连用3天。

处方2　丙硫苯咪唑片，25～50毫克/千克体重，口服，每天1次，连用3天。

处方3　甲苯咪唑片，10毫克/千克体重，口服，每天2次，连用2天。

处方4　伊维菌素注射液，0.2毫克/千克体重，皮下注射。柯利犬禁止应用。

处方5　阿维菌素注射液，0.2毫克/千克体重，皮下注射。柯利犬禁止应用。

处方6　噻苯咪唑片，50～60毫克/千克体重，口服，每天1次，连用3天。

处方7　枸橼酸哌嗪（驱蛔灵）片，100毫克/千克体重，口服，对成虫有效，200毫克/千克体重，内服，驱除幼虫。

处方8　四氯乙烯片，0.1～0.2毫克/千克体重，口服。

处方9　碘化噻唑氰铵片，3毫克/千克体重，口服，每天1次，连用7天。

处方10　汽巴杜虫丸，50毫克/千克体重，口服，每2周1次，直到大便中没有虫体。

【要点总结】　①蛔虫幼虫在犬体内移行过程中，损伤肠壁、肺毛细血管及肺泡壁，可见有血便、咳嗽、气喘及肺炎症状。②虫体在小肠内寄生时向机体掠夺了大量的营养，可导致机体消瘦、贫血、营养不良症状。虫体在体内发育过程中，不断分泌毒素损害机体，可使造血器官和神经系统中毒，出现贫血、神经症状及过敏反应。③在杀灭虫体的同时，要增加营养，喂给易消化、营养丰富的食物。④定期驱虫，幼龄犬2周龄，4～5周龄，2月龄时各进行1次驱虫，成年犬每隔3～6月驱虫1次。

二、钩 虫 病

钩虫病是由钩虫寄生于犬、猫的小肠(尤其是十二指肠)引起的以高度贫血、消化功能紊乱和营养不良为特征的寄生虫病。

【临床症状】 轻度感染时一般不表现临床症状,严重感染时,病犬出现食欲减退或不食、呕吐、腹泻,典型症状为排出的粪便带血,呈黑色、咖啡色或柏油色。可视黏膜苍白、消瘦、脱水,经胎内和初乳感染出生3周龄内的幼龄犬、猫,可引起严重贫血,导致昏迷和死亡。若幼虫大量经皮肤侵入,病犬可发生钩虫性皮炎,引起爪部、趾间发红、瘙痒、脓疱、皮炎,并可能继发细菌感染,躯干呈棘皮症和过度角化。少数病例因大量幼虫移行至肺部,可引起肺炎。

【诊断要点】

1. 临床症状 犬钩虫病多发生于夏季,病犬出现贫血、血便、消瘦、营养不良等均可考虑本病。

2. 皮炎 钩虫引起的皮炎,躯干皮肤过度角化、瘙痒,破溃后可造成皮肤继发感染性皮炎。

3. 粪便检查 取粪便进行饱和盐水浮集法,在显微镜下镜检,发现钩虫卵可确诊。

【治疗方案】

处方1 阿维菌素注射液,0.2毫克/千克体重,皮下注射,每7天1次。柯利犬禁止应用。

处方2 阿苯达唑片,25～50毫克/千克体重,口服,每天1次,连用7～14天。

处方3 左旋咪唑片,8～10毫克/千克体重,口服,每天1次,连用5～30天。

处方4 四咪唑片,10～20毫克/千克体重,口服,7.5毫克/千克体重,肌内注射或皮下注射。

处方 5　甲苯咪唑片，22 毫克/千克体重，口服，每天 1 次，连用 3 天。

处方 6　二碘硝基酚，10 毫克/千克体重，皮下注射或口服，此药可用于幼龄犬、猫。

处方 7　汽巴杜虫丸，50 毫克/千克体重，口服，每 2 周 1 次，直到大便中没有虫体。

处方 8　维生素 B_{12} 注射液 1～2 毫升，肌内注射，每天 1 次，连用 3～4 天。

处方 9　健康犬、猫新鲜血液或代血浆，2～5 毫升/千克体重，静脉注射，每天 1 次，连用 3～4 天。

【用药分析】　①对于重度感染的幼龄犬，应先对其采取补液、消炎等治疗措施，改善体质后再驱虫，否则极易发生因驱虫而加快幼龄犬死亡。②驱虫药可暂时使成虫停止产卵，因此仅以粪便有无虫卵排出，评价驱虫效果是不可靠的，一般应间隔 2 周再重复驱虫。

【要点总结】　①感染性幼虫侵入皮肤时可导致皮肤瘙痒，随即出现充血斑点或丘疹，继而出现红肿或含浅黄色液体的水疱，如有继发感染，可成为脓疮。②幼虫侵入肺脏时，可出现咳嗽、发热等。③成虫在肠管寄生时，病犬出现恶心、呕吐、腹泻等消化紊乱症状，粪便带血或呈黑色、柏油状。

三、犬心丝虫病

本病是由犬心丝虫引起的一种寄生虫病。该寄生虫寄生于犬心脏的右心室及肺动脉中，引起循环障碍、呼吸困难及贫血。

【临床症状】　早期表现为慢性咳嗽，运动时加重或易疲劳。随着病情发展，可有呼吸困难、运动虚脱、腹水、胸腔积水、肝硬化等症状。另外，较明显的症状为循环障碍、心脏杂音、心律失常、贫血，重者全身衰弱，运动时虚脱而死亡。病犬常伴发结节性皮肤病，以瘙痒和倾向破溃的多发性结节为特征，主要发生于耳郭基底部的皮肤。在皮肤结节中心的肉芽肿血管内常见有微丝蚴。

【诊断要点】

1. 临床症状 咳嗽，易疲劳，心悸亢进，脉弱，肝区触痛，胸、腹腔积水，腹围增大，全身水肿，呼吸困难，黄疸。

2. 镜检 皮下较大血管采血1滴涂片，干燥后常水冲洗，甲醛固定，姬姆萨氏染色镜检可检出微丝蚴；如未能检出微丝蚴时不能完全断言犬未感染丝虫病，因虫体未成熟、虫体寄生少或有单性成虫时，微丝蚴很难检出。

【治疗方案】

1. 驱微丝蚴

处方1 左咪唑片，10毫克/千克体重，口服，每天1次，连用7～14天，治疗后第七天进行血检，微丝蚴阴性时，则停止用药。

处方2 伊维菌素注射液，0.05～0.1毫克/千克体重，皮下注射，必要时间隔2周，重复1～2次。

处方3 二硫噻咻片，22毫克/千克体重，口服，每天1次，连用10～20天。

处方4 碘化噻唑氰胺片，6～11毫克/千克体重，口服，每天1次，连用7天。如微丝蚴检验仍为阳性可加大剂量12～15毫克/千克体重，直至微丝幼转阴。

处方5 米尔倍霉素片，0.5毫克/千克体重，口服，每月1次。

处方6 塞拉菌素(大宠爱)片，6毫克/千克体重，口服，每月1次。

2. 杀成虫

处方1 乙胺嗪(海群生)片，6.6毫克/千克体重，口服，每天1次。

处方2 美拉索明，2.5毫克/千克体重，肌内注射，每天1次，连用 2 天。

处方 3　硫乙胂胺，2.2 毫克/千克体重，静脉注射，每天 2 次，连用 2 天。

处方 4　酒石酸锑钾，2～4 毫克/千克体重，溶于生理盐水中静脉注射，每天 1 次，连用 3 天。

【用药分析】①在蚊虫季节开始前应用海群生 2.5 毫克/千克体重，1 次/天，拌入食物中喂。②在蚊虫季节结束以后 3～5 个月应驱虫 2 次，静脉注射 1%硫乙胂胺，可全部消灭进入心脏的未成熟的虫体。硫乙胂胺钠是一种肝毒和肾毒药物，用药前肝、肾功能必须正常。③驱杀成虫和微丝蚴之间相隔 6 周时间。

【要点总结】　①成虫寄生于犬的右心室及肺动脉中，由于虫体刺激心内膜，可引起心内膜发炎并继发心脏肥大和右心室扩张。②虫体可寄生在肝动脉中，出现动脉内膜炎，并可继发静脉淤血引起腹水。③肺内可有幼虫刺激肺泡细胞，造成上呼吸道感染症状，引起咳嗽、呼吸困难等。④消灭蚊子，防止夏季夜晚蚊虫叮咬是预防本病的有效措施。

四、旋毛虫病

旋毛虫病是一种重要的人、畜共患寄生虫病，犬、猫、人等均可发生。成虫主要寄生于小肠及横纹肌内；幼虫（肠旋毛虫）寄生于动物骨骼肌并形成包囊。临床上以非特异性胃肠炎、肌肉疼痛、呼吸困难和发热等为主要特征。

【临床症状】　旋毛虫成虫寄生于犬的小肠及横纹肌内，可引起寄生虫性肠炎，食欲减退、呕吐、腹泻等。幼虫（肠旋毛虫）寄生于动物骨骼肌形成包囊，导致全身肌肉疼痛、呼吸困难和发热等症状。大多数病犬经 4～6 周症状逐渐消失，成为长期带虫者。

犬和其他动物感染旋毛虫后一般无明显的临床症状，但当人感染后，可以出现明显的临床症状。肠旋毛虫可以引起肠炎，出现消化道疾病的症状，如食欲减退、呕吐、腹泻。旋毛虫对人危害较大，可引起急性肌炎，表现为发热和肌肉疼痛，严重感染时可因呼吸肌和心肌麻痹而导致死亡。

【诊断要点】

1. 病史 经常吃生肉，本地区有“米猪肉”存在，病犬初发热，呕吐，腹痛腹泻，严重时出现肌痛和运动障碍。

2. 镜检 取病死犬膈肌一小块，再用剪刀剪成麦粒大小块，用厚玻片压片，镜检，可发现旋毛虫包囊。

【治疗方案】

处方 1 伊维菌素注射液，0.2～0.3 毫克/千克体重，皮下注射，2 周后重复 1 次。

处方 2 阿苯达唑片，25～50 毫克/千克体重，口服，每天 1 次，连用 7～14 天。

处方 3 甲苯达唑片，20～30 毫克/千克体重，口服，每天 1 次，连用 5 天。

处方 4 芬苯达唑片，犬 50 毫克/千克体重，口服，每天 1 次，连用 3～30 天；猫 25 毫克/千克体重，口服，每天 1 次，连用 3～30 天。

处方 5 奥苯达唑片，10 毫克/千克体重，口服，连用 5 天。

处方 6 四咪唑片，10～20 毫克/千克体重，口服，7.5 毫克/千克体重，肌内注射或皮下注射。

【要点总结】 ①旋毛虫病是人、畜共患寄生虫病，宠物犬要定期驱虫，以免感染。②不用生肉或未煮熟的肉喂犬，防止犬外出偷食动物尸体，防止猫吃老鼠，发现有“米猪肉”要禁止犬食入。③肾上腺皮质激素可减轻肌肉疼痛。

五、食管虫病

食管虫病是旋尾科的食管线虫寄生于肉食兽的食管壁、大动脉壁形成肿瘤状结节，引起咽下及呼吸困难，并发大出血等症状的一种线虫病。

【临床症状】 感染性幼虫钻入宿主胃壁动脉，随血液移行，常引起组织出血、炎症或坏疽性脓肿。幼虫离去后病灶可自愈，但遗留血管腔狭窄病变，若形成动脉瘤或引起管壁破裂，则发生犬出血而死亡。成虫在食管壁、胃壁或主动脉壁中形成肿瘤，病犬出现吞咽、呼吸困难，循环衰竭，呕吐等症状。另外，慢性病例常伴有肥大性骨关节病、胫骨肿大。

【诊断要点】

1. 临床症状　寄生于食管时，有轻度梗阻，重症时流涎，消瘦；寄生于胃壁时，呕吐物和粪便中均有虫卵；寄生于动脉壁时，血管破裂突然死亡。

2. X线检查　食管上1/3处有肿瘤阴影，钡剂可见肿瘤前部食管扩张，前后肢有骨膜增生像。

3. 镜检　水洗沉淀法或用饱和硝酸钠浮集法检查粪便，可见虫卵。

【治疗方案】

处方1　阿苯达唑片，25～50毫克/千克体重，口服，每天1次，连用7～14天。

处方2　噻苯达唑片，70毫克/千克体重，口服，每天1次；后改为5毫克/千克体重，口服，每天1次，连用20天。

处方3　奥苯达唑片，10毫克/千克体重，口服，连用5天。

处方4　伊维菌素注射液，0.2毫克/千克体重，口服，每7天1次。

处方5　左旋咪唑片，犬8～10毫克/千克体重，口服，每天1次，连用5～30天。

处方6　四咪唑片，10～20毫克/千克体重，口服；7.5毫克/千克体重，肌内注射或皮下注射。

【要点总结】　禁止犬捕食甲虫、鸟类，以免感染本病。

六、眼虫病

眼虫病是由吸吮科吸吮属的线虫寄生于犬、猫的瞬膜下所引起的疾病。造成犬、猫的结膜炎和角膜炎，导致视力下降甚至造成角膜糜烂、溃疡和穿孔。

【临床症状】　由于幼虫的机械性刺激，可使眼球损伤，引起结膜炎、角膜炎、角膜混浊直至失明。临床上常见眼部剧痒，结膜充血肿胀，分泌物增多，羞明流泪。病犬和病猫常用爪挠、摩擦患眼，造成角膜混浊、视力下降或者产生角膜溃疡和穿孔。成虫多在瞬膜囊、结膜囊和泪管等部位。

【诊断要点】　病犬经常流大量眼屎，结膜潮红，用抗生素滴眼液不见好转；用生理盐水冲洗患眼，见到线状虫体可做出诊断。

【治疗方案】

处方1　摘除虫体。2%可卡因点眼，按摩眼睑5～10秒钟，待虫体麻痹不动时，用眼科镊子摘除虫体，再用3%硼酸溶液洗眼，涂红霉素眼膏或眼药水。

处方2　摘除虫体。2%盐酸普鲁卡因做上、下眼睑皮下注射，每侧各注射1毫升，再用5%左旋咪唑注射液缓缓滴入眼内，3～5分钟虫体麻痹，翻开眼睛用眼科球头镊子取出虫体，再用生理盐水冲洗患眼，用药棉拭干，点氯霉素或环丙沙星眼药水。

处方3　盐酸左旋咪唑眼药水0.5毫升点患眼，每天1次，连用3天。

处方4　青霉素20万单位，0.5%普鲁卡因注射液2毫升，0.5%氢化可的松注射液2毫升，混合患眼上、下眼睑结膜囊内注射0.5～1毫升，用于角膜混浊、溃疡、穿孔或虫体寄生在前房液内的病例。

【用药分析】　①治疗时必须彻底清除患眼内虫体，避免虫体遗留在眼内。②寄生虫在眼内寄生可继发细菌性结膜炎，导致患眼潮红肿胀，因此必须配合抗生素滴眼液点眼疗效好。

【要点总结】　①发现犬有眼部疾病时尽早确诊，及时治疗，避免恶化。②有人认为夏季蚊蝇可传播眼线虫病，因此消灭蚊蝇可有效防止眼虫病发生。

七、鞭虫病

犬鞭虫病又称毛首线虫病，是由鞭虫寄生于盲肠和结肠引起的一种寄生虫病，主要危害幼龄犬。

【临床症状】　幼龄犬主要表现为下痢，粪便呈灰色，带有黏液或血液、精神沉郁、食欲不振、营养不良、消瘦、贫血。后期出现脱水症状。成年犬仅表现为多泡沫的糊状粪便，体温、食欲无太大变化。

【诊断要点】

1. 临床症状　虫体进入肠黏膜时，可引起局部炎症，有时出现间歇性软硬便或带少量黏液的血便。严重感染时引起食欲减退、消瘦、体重减轻、腹泻、大便带血（有时粪便呈褐色、恶臭）、贫血、脱水等全身症状。

2. 镜检　饱和盐水浮集法检查粪便，镜检可见腰鼓状的虫卵。

【治疗方案】

处方1　伊维菌素注射液，0.2～0.3毫克/千克体重，皮下注射，每周1次，连用2次。

处方2　左旋咪唑片，10毫克/千克体重，口服，每天1次，连用3次。

处方3　阿苯达唑片，25～50毫克/千克体重，口服，每天1次，连用7～14天。

处方4　碘化噻唑氰铵片，3毫克/千克体重，口服，每天1次，连用7天。

处方5　噻苯达唑片，70毫克/千克体重，口服，每天1次；后改为5毫克/千克体重，口服，每天1次，连用20天。

处方6　四咪唑片，10～20毫克/千克体重，口服；7.5毫克/千克体重，肌内注射或皮下注射。

处方7　芬苯达唑片，50毫克/千克体重，口服，每天1次，连用3天，3周后重复给药1次。

处方8　汽巴杜虫丸，50毫克/千克体重，口服，每2周1次。

【要点总结】　成虫在肠管寄生时，病犬出现恶心、呕吐、腹泻等消化紊乱症状，粪便带血或呈黑色、柏油状。

八、犬绦虫病

绦虫是犬的肠管寄生虫中最长的一种寄生虫，种类很多，对犬的健康危害很大，可造成犬营养不良、消瘦、贫血、胃肠道症状及神经症状等。

【临床症状】　绦虫感染时，犬大多不显症状。重度感染时，可出现肠卡他、肠炎、出血性肠炎和肛门瘙痒症状。当肠管逆蠕动时虫体可进入胃中，呕吐时虫体可随胃内容物一同呕出，粪便可见到大量脱落的节片。病犬可见有异嗜、进行性消瘦、营养不良、贫血、精神沉郁。有的可见有神经症状、抽搐、痉挛等症状。

【诊断要点】

1. 临床症状　发现患病犬、猫的粪便及肛门周围，经常有类似大米粒的白色或淡黄色孕卵节片（刚爬出肛门的绦虫节片能伸缩活动，时间长者节片变干，粘于肛周的被毛上，形似芝麻粒状），作出诊断。

2. 镜检　饱和盐水漂浮法检查粪便虫卵或在镜下观察节片做出诊断。

【治疗方案】

处方 1　吡喹酮，2.5～5 毫克/千克体重，口服、肌内注射或皮下注射。

处方 2　丙硫苯咪唑片，20 毫克/千克体重，口服，每天 1 次，连用 3～4 天。

处方 3　氯硝柳胺（灭绦灵）片，50～100 毫克/千克体重，口服，2～3 周重复给药 1 次。

处方 4　硫双二氯酚片，犬 200～300 毫克/千克体重，口服。猫 100～200 毫克/千克体重，口服。

处方 5　汽巴杜虫丸，50 毫克/千克体重，口服，每 2 周 1 次，直到大便中没有虫体。

处方 6　氢溴酸槟榔素片，1～2 毫克/千克体重，口服。

【用药分析】　①定期检查，每季度驱虫 1 次，繁殖犬应在配种前 3～4 周进行，驱虫后的粪便应进行无害处理。②犬体内用药要选择高效驱虫药，同时配以辅助药物，早发现早治疗，有利于犬健康。③犬复孔绦虫的中间宿主为各种蚤类和毛虱，因此，犬体表用药，有利于减少发病概率。

【要点总结】　①消灭跳蚤和虱子。②防止犬吃生的淡水鱼和未煮熟的动物肉类及内脏。③驱犬、猫绦虫的药物一般不良反应较大，应严格按规定操作。

九、肝吸虫病

肝吸虫病主要由华枝睾吸虫寄生在犬的胆管和胆囊内而引起的一种寄生虫病，临床以腹泻、消瘦、黄疸、肝肿大、腹水为特征。

【临床症状】 华枝睾吸虫病多为隐性感染，病情严重时主要表现为食欲不振、消化不良、全身无力、腹泻、消瘦、贫血、黄疸、水肿，甚至有腹水。由于成虫在肝胆管移行，造成机械性刺激，甚至阻塞肝胆管，造成阻塞性黄疸，胆管炎或胆管结石，有的引起肝硬化和肝脂肪变性。

【诊断要点】

1. 病史 病犬有进食未煮熟的甲壳类的病史。

2. 临床症状 腹泻、肝肿大、消瘦、黄疸、肝硬化、继发腹水。

3. 病理剖检 可见胆管变粗、胆囊肿大、胆汁浓稠成草绿色，胆管和胆囊内有大量虫体和虫卵。肝表面结缔组织增生，有时引起肝硬化和肝脂肪变性。

4. 镜检 取粪便用水洗沉淀法或甲醛乙醚沉淀法镜检，可发现虫体。

【治疗方案】

处方 1 吡喹酮，2.5～5 毫克/千克体重，口服、肌内注射或皮下注射。

处方 2 六氯对二甲苯(血防-846)，50 毫克/千克体重，口服，每天 1 次，连用 10 天。

处方 3 硝氯酚片，8 毫克/千克体重，口服，隔天 1 次，连用 3 次；猫 3 毫克/千克体重，口服。

处方 4 阿苯达唑片，25～50 毫克/千克体重，口服，每天 2 次，连用 7～14 天。

处方 5 汽巴杜虫丸；50 毫克/千克体重，口服，每 2 周 1 次。

处方 6　哌嗪片，70～199 毫克/千克体重，口服。

处方 7　硫双二氯酚，犬 200～300 毫克/千克体重，口服；猫 100～200 毫克/千克体重，口服。

【用药分析】　①对严重贫血的犬、猫，可进行输血治疗。②出血严重的应用止血药。③体弱的动物应加强营养，补充微量元素和维生素。

【要点总结】　①由于虫体游窜，可引起腹痛、腹泻。②本病多呈慢性经过。③成虫寄生胆管，造成胆管阻塞，胆汁分泌受阻，可出现黄疸现象，有时出现角膜炎、角膜混浊等。

十、弓形虫病

弓形虫病，是由龚地弓形虫所引起的一种人、畜共患寄生虫病。临床上以高热稽留、呼吸困难、肠炎等为主要特征。

【临床症状】

1. 急性型　多见于幼龄犬，体温升高到 40℃～42℃，精神沉郁，食欲废绝，可视黏膜苍白或黄染，眼角附有脓性分泌物，鼻腔流出浆液性分泌物，有咳嗽，呼吸浅而快，常呈腹式呼吸，听诊有湿性啰音。病犬呕吐、便秘或腹泻，严重者呈现出血性腹泻、精神高度沉郁、呼吸极度困难、呈现痉挛或麻痹、卧地不起等症状。

2. 慢性型　发病后 10～14 天，由于弓形虫剧烈增殖期已过，病犬机体内产生抗体，可阻止弓形虫在各器官组织中生长发育，甚至将弓形虫杀灭，体温恢复正常，食欲逐渐恢复，但生长发育缓慢，有的发育不良。由于肌肉、脑、眼球内抗体含量少，不足以杀灭虫体，所以弓形虫可在上述器官内长期存在，从而可导致病犬呈现运动障碍，如后躯麻痹、癫痫、斜颈和视力障碍等不同症状。

3. 隐性型或无症状型　多见于成年犬，见不到明显的症状。有的病例只是在慢性期遗留的一些症状不易消失。隐性型病例，一旦重复感染或并发其他疾病，也可转为急性型经过，呈现明显的症状或有致死性的可能。

【诊断要点】

1. 临床症状 发热、咳嗽、厌食、呕吐、消瘦，鼻、眼有分泌物，结膜苍白。

2. 镜检 急性弓形虫病可取静脉血、肺、肝、脾、淋巴结等涂片，甲醇固定后经姬姆萨氏染色、瑞氏染色、镜检，可见到弓形虫的裂殖体，配子体，卵囊等。

3. 鉴别诊断 临床上弓形虫病易与犬瘟热混淆，应注意鉴别；弓形虫病原为龚地弓形虫(原虫)，呈稽留热型(体温一般为40℃～42℃)，典型症状为肺炎(带有脓性鼻液)、弓形虫性肌炎和肌肉麻痹，实验室诊断方法可采犬静脉血做涂片(瑞氏或姬姆萨氏染色)，油镜下可观察到红细胞内有新月形滋养体进行确诊。犬瘟热病原为犬瘟热病毒(副黏病毒科麻疹病毒属，RNA病毒)，呈双相热(先升高到40℃随后降低、最后持续在40℃以上)，以肺炎(脓性鼻液，鼻尖形成结痂)、神经炎症(肌肉震颤)，角膜翳，溃疡及足垫增厚、变硬为典型症状，实验室诊断可取患病组织上皮细胞，细胞质内或核内有包涵体，也可进行病毒分离或血清荧光抗体试验进行确诊。

【治疗方案】

处方1 复方新诺明，15～30毫克/千克体重，口服或皮下注射，每天2次。

处方2 磺胺嘧啶钠注射液，50～100毫克/千克体重，肌内注射或静脉注射，每天1～2次，连用3～5天。

处方3 复方磺胺-6-甲氧嘧啶钠，50～100毫克/千克体重，肌内注射或静脉注射，每天1～2次，连用3～5天。

处方4 乙胺嘧啶钠，0.25～0.5毫克/千克体重，口服，每天1次，连用2～4周。

【要点总结】　①弓形虫病是人畜共患病，感染此病的人有可能死亡，也有可能使孕妇的胎儿流产和死亡。②人和动物感染弓形虫病后，只有猫科动物才能从粪便中排出卵囊污染环境，犬场禁止养猫或防止猫、犬接触，处理好猫粪，可疑污染的环境用氨水等消毒。③禁止给犬喂食生肉、生奶、生蛋或含有弓形虫包囊的动物脏器组织，弓形虫病的动物或可疑动物尸体，必须销毁或做无害处理。

十一、犬球虫病

犬球虫病由艾美耳等孢球虫及二联等孢球虫感染引起的一种小肠和大肠出血性炎症的疾病。临床表现主要以血便、贫血、全身衰弱、脱水为特征。

【临床症状】　幼龄犬比成年犬易感且症状明显。幼龄犬发病多为急性，病犬轻度发热、精神沉郁、食欲减退、消化不良、水样腹泻、粪便稀薄混有黏液，重者血便、粪便褐色、进行性消瘦、贫血、脱水、全身衰竭而死亡。但经对症治疗2～3周，临床症状消失，部分可康复。成年犬及老龄犬抵抗力强，感染球虫后，常为慢性经过。

【诊断要点】

1. 临床症状　腹泻时采用多种抗生素治疗无效可怀疑本病。

2. 虫卵检查　取粪便压片镜检可见有卵囊，或饱和盐水浮集法检查粪便中有虫卵。

3. 剖检　整个小肠发生出血性肠炎、肠黏膜肥厚、黏膜上皮剥蚀。慢性病例，小肠黏膜内有白色结节，结节内充满球虫卵囊。

【治疗方案】

处方1　磺胺-6-甲氧嘧啶钠片，50～100毫克/千克体重，口服，每天2～3次，连用3～5天。

处方2　磺胺嘧啶钠片，100毫克/千克体重，口服，每天2次，连用 3～5 天。

处方 3　磺胺二甲基嘧啶钠片，60 毫克/千克体重，口服，每天 3 次，连用 3～4 天。

处方 4　氨丙啉片，150～200 毫克/千克体重，混入食物中，连续喂 7 天。

处方 5　痢特灵片，10 毫克/千克体重，口服，每天 2 次，连用 3～5 天。

处方 6　复方新诺明片，15～30 毫克/千克体重，口服或皮下注射，每天 2 次。

【要点总结】　①1～6 月龄的幼龄犬对球虫病特别易感且危害较大。②本病对成年犬致病力较弱，严重感染时，可引起肠炎。③对严重脱水的病犬应及时补液，贫血严重的病例给予输血治疗，继发感染可用抗生素进行治疗。

十二、犬巴贝斯虫病

犬巴贝斯虫病是由犬巴斯焦虫和吉氏巴贝斯焦虫寄生于犬体内引起的一种严重的原虫病。临床上以严重贫血、黄疸、血红蛋白尿和血红蛋白缺乏为主要特征。

【临床症状】　当有巴贝斯虫感染时，虫体随唾液进入犬体感染犬。本病多呈慢性经过，病初精神沉郁、喜卧、四肢无力，身躯摇摆，发热（成不规则的间歇热，体温在 40℃～41℃）、食欲减退或废绝、消瘦、贫血、结膜苍白、黄染，常见有化脓性结膜炎。从口、鼻流出具有不良气味的液体。尿呈黄色或暗褐色，如酱油样，腹部触诊脾肿大，肾单侧或双侧肿大，且有痛感，常在病犬皮肤上，如耳根部、前臂内侧、股内侧、腹底部等皮肤薄、被毛少的部位找到蜱。

【诊断要点】

1. 病史　病犬有上山下乡游玩或被其他狗咬伤病史，在病犬身上有时可捉到数量不等的蜱。

2. 临床症状 减食、贫血、黄疸、高热、尿黄或褐红，严重时倒地不起，喘气。腹部触诊可触摸到肿大的脾脏。

3. 镜检 取病犬血液涂片瑞氏染色或姬姆萨氏染色，可于红细胞内发现巴贝斯虫。

【治疗方案】

处方 1 三氮脒注射液，3.5 毫克/千克体重，肌内注射，每天 1 次，连用 2 天。

处方 2 硫酸喹啉脲注射液，0.3 毫克/千克体重，皮下或肌内注射，隔天 1 次。

处方 3 咪唑苯脲注射液，5～7.5 毫克/千克体重，配成 10% 注射液肌内注射或皮下注射，14 天后重复 1 次。

处方 4 羟乙磺酸戊氧苯脒注射液，15 毫克/千克体重，皮下注射，每天 1 次，连用 2 天。

处方 5 磷酸伯氨喹注射液，0.5 毫克/千克体重，肌内注射或皮下注射，每天 1 次，连用 3 天。

处方 6 克林霉素磷酸酯注射液，15～20 毫克/千克体重，肌内注射，每天 1～2 次。

处方 7 阿米卡星注射液，10～15 毫克/千克体重，肌内注射，每天 1～2 次。

处方 8 地塞米松磷酸钠注射液，0.5～4 毫克/千克体重，肌内注射，每天 1 次，连用 2～3 天。

处方 9 维生素 B_{12} 注射液，0.2 毫克，每天 2 次，口服、肌内注射或皮下注射。

【用药分析】 ①治疗犬巴贝斯虫药物大多毒性较大，应用时严格控制剂量和疗程。②在杀虫的基础上，采用适当的对症和支持疗法。对贫血较严重的犬实施输血。出现脱水及衰竭时及时补充体液并采用抗生素防止继发感染。③巴贝斯虫病感染时，对肝脏肾损伤较大,因此,驱虫同时应保护肝脏和肾脏。

【要点总结】 ①做好防蜱灭蜱工作,定期对犬进行药浴,若发现犬感染,应对一起饲养的其他犬进行药物注射预防。②蜱除了传播巴贝斯虫病以外,还可传播莱姆病,诊断和治疗过程中应注意。

十三、利什曼原虫病

利什曼原虫病又称黑热病,是由杜氏利什曼原虫寄生于犬和人的肝脏、脾脏、淋巴结的网状内皮细胞中所引起的一种人、畜共患慢性寄生虫病。

【临床症状】 一般无明显症状,少数犬出现皮肤损伤症状,被毛粗糙失去光泽,甚至脱落。脱毛处有皮脂外溢或糠秕样鳞屑,或因皮肤增厚形成结节,结节破溃后形成溃疡。皮肤病变多见于头、耳、鼻及眼周围等,其他部位也可出现。晚期,病犬出现食欲不振,甚至拒食,逐渐消瘦、贫血、精神委靡,眼部的皮肤损害可引起眼睑发炎,有的还出现体温中度升高、角膜炎和结膜炎,有的出现足关节肿胀和强直。随着病情进一步发展,病犬吠声变得嘶哑,最后因恶病质而死亡。

【诊断要点】

1. 临床症状 早期皮肤脱毛,有皮屑或油脂溢出、结节、溃疡,有血样痂皮。晚期消瘦,委靡,体温升高,叫声变哑。

2. 镜检 取病犬骨髓、淋巴结涂片,瑞氏染色镜检,虫体胞质呈浅色,胞核呈红色,圆形,常偏于虫体一侧。

【治疗方案】

处方1 喷他脒注射液,1毫克/千克体重,皮下注射或肌内注射。

处方2 锑酸葡胺注射液,100～200毫克/千克体重,静脉注射或皮下注射,每天1次或隔天1次,连用3～4周。

处方 3 葡萄糖酸锑钠注射液，30～50 毫克/千克体重，皮下注射，每天 1 次，连用 3～4 周。

处方 4 酮康唑片，10～20 毫克/千克体重，口服，每天 3 次，连用 3 周。

处方 5 别嘌呤片，15 毫克/千克体重，口服，每天 2 次。可与葡甲胺锑合用。

【要点总结】 ①白蛉是本病的传播媒介，当白蛉叮咬健康犬时，成熟的前鞭毛体随白蛉的唾液进入健康犬体内，在皮下组织被巨噬细胞吞噬，并在其中发育繁殖。因此，消灭白蛉孳生地是预防本病的有效措施。②犬是杜氏利什曼原虫的重要保虫宿主。③本病是严重的人、畜共患病，一旦发现病犬，应予以捕杀。

十四、隐孢子虫病

本病是以腹泻为主要症状的原虫病，是人、畜共患寄生虫病。

【临床症状】 临床上主要表现为急性水样腹泻、排便次数多、食欲不振、呕吐、消瘦等症状。抵抗力弱的犬、猫临床症状明显且严重，免疫功能正常的犬、猫临床表现不明显，并能自然恢复。多数患隐孢子虫病的犬、猫肠系膜淋巴结肿大，小肠和盲肠增厚、扩张。

【诊断要点】

1. 病史 主要表现为长时间慢性腹泻可考虑本病。

2. 镜检 取粪便利用饱和糖水浮集法可见到隐孢子虫卵囊。

【治疗方案】

处方 1 阿奇霉素片，犬 5～10 毫克/千克体重，口服，每天 1～2 次；猫 7～15 毫克/千克体重，口服，每天 2 次，连用 5～7 天。

处方 2 泰乐菌素片，11 毫克/千克体重，口服，每天 2 次，连用 28 天。

处方 3　巴龙霉素片，犬 125～165 毫克/千克体重，口服，每天 2 次，连用 5 天。

处方 4　林可霉素片，15 毫克/千克体重，口服，每天 3 次，连用 21 天。

处方 5　螺旋霉素，25～50 毫克/千克体重，口服，每天 1 次；10～25 毫克/千克体重，肌内注射，每天 1 次。

【用药分析】　本病无特效药物，出现临床症状后主要对症治疗，为防止继发感染可配合抗生素和止泻药治疗。

【要点总结】　本病是自限性寄生虫病，若犬体质好，抵抗力强可自愈。

十五、疥 螨 病

疥螨病是由疥螨寄生于犬、猫皮肤内，引起以皮肤剧烈瘙痒，出现红斑和丘疹为特征的一种慢性寄生虫性皮肤病。

【临床症状】　开始主要发生在病犬四肢末端、面部、耳部、腹侧和腹下部，逐渐蔓延至全身。病初患部出现红斑、丘疹，皮肤薄的部位还会出现水疱或脓疱。由于剧烈瘙痒，患病犬、猫不断啃咬和摩擦患部，造成局部出血、渗出、结痂，继发细菌感染时，表面形成黄色痂皮，进而皮肤增厚，被毛脱落。增厚的皮肤尤其是面部、颈部和胸部皮肤形成皱褶。气温上升或运动后瘙痒症状加剧。若继发感染，则发展成为深在性脓皮病。

【诊断要点】

1. 临床症状　皮肤出现红斑、丘疹、剧痒，因啃咬或摩擦而出血，脱毛，大量皮屑，最后结痂。

2. 镜检　用消毒好的手术刀片在病变皮肤和健康皮肤交界处刮取皮肤病料，将病料放置玻片上，滴加 50%的甘油溶液、加盖玻片后，放置显微镜下检查可见到活的疥螨虫体可做出诊断。

3. 治疗性诊断　有些病例在进行皮屑检查时难以发现螨虫和虫卵，一般可依据临床症状及药物疗效做出诊断。

【治疗方案】

处方 1　伊维菌素注射液，0.2～0.3 毫克/千克体重，皮下注射，每周 1 次。

处方 2　多拉菌素注射液，0.1～0.2 毫克/千克体重，皮下注射，每周 1 次。

处方 3　马拉硫磷溶液，0.5%溶液患处喷洒。

处方 4　塞拉菌素，6～12 毫克/千克体重，外用，每2～4 周 1 次，连用 1～3 个疗程。

处方 5　福来恩喷雾剂，1 毫升/千克体重，外用，1～2 个疗程，疗程间间隔 2～4 周。

处方 6　螨易 50 滴剂，分点外用，每隔 5 天用药 1 次。

处方 7　螨易 30 洗剂，对水稀释洗浴，每隔 5 天用药 1 次。

处方 8　柯利螨灭(洗剂和喷剂)，专用于柯利犬的治疗。

【要点总结】　①疥螨病多发于冬季、秋末和春初，因为这些季节阳光照射不足，犬毛密而长，特别是犬舍环境卫生不好、潮湿的情况下，最适合螨虫的发育和繁殖，犬最易发病。②注意环境卫生，保持犬舍清洁干燥，对于犬舍、犬床、垫物等要定期清理和消毒。

十六、犬耳痒螨病

犬、猫的耳痒螨病是由耳痒螨寄生于外耳道内引起的炎症，有高度传染性和瘙痒感。

【临床症状】　犬、猫常见抓耳、甩头，外耳道有棕色的蜡质样渗出物或鳞状痂皮。常引起耳血肿或耳郭皮肤损伤，耳道内继发细菌感染时可引起化脓性外耳炎。

【诊断要点】

1. 临床症状 病犬不停抓挠耳朵和甩耳，耳道内有大量红褐色渣样分泌物，微干；若继发感染时，可有血样分泌物。

2. 镜检 取耳道内红褐色分泌物压片，滴加50%的甘油溶液或10%的氢氧化钾溶液，加盖玻片镜检，可见到虫体或虫卵。

【治疗方案】

处方1 将患病犬、猫麻醉，清除外耳内渗出物和痂皮。

处方2 多拉菌素注射液0.1～0.2毫克/千克体重，皮下注射，每周1次。

处方3 伊维菌素注射液0.2～0.3毫克/千克体重，皮下注射，每周1次。

处方4 福来恩滴剂，每只耳朵2滴，2周后重复1次。

处方5 氨苄西林钠50～100毫克/千克体重，肌内注射或静脉注射，每天1～2次。

处方6 头孢拉定50～100毫克/千克体重，肌内注射或静脉注射，每天1～2次。

外方7 地塞米松磷酸钠注射液0.5毫克/千克体重，肌内注射，每天1次，连用3天。

【用药分析】 ①治疗犬耳痒螨时应先清洁外耳道，再向耳内滴注杀螨药，但清洁耳道时应注意不要用棉签反复摩擦，以免损伤耳道。②为提高疗效可皮下注射杀螨药物，配合应用抗生素和皮质类固醇类药物。

【要点总结】 ①犬耳痒螨的早期感染常是双侧性的，进一步发展则整个耳郭广泛性感染。鳞屑明显，再严重时可蔓延到头前部。②犬耳螨可引起耳和尾尖部瘙痒性皮炎。③严重感染时，若不及时治疗，病犬反复甩耳可导致耳血肿。

十七、犬蠕形螨病

犬蠕形螨病是由蠕形螨寄生于犬的皮脂腺和毛囊内引起的一种顽固性皮肤寄生虫病。

【临床症状】 主要是在眼睑及其周围、面部、嘴唇、颈下部、肘部、趾间等处发生脱毛、秃斑，界限明显，并伴有皮肤轻度潮红和麸皮状皮屑，皮肤可有粗糙和龟裂，有的可见有小结节。皮肤可变成灰白色，患部不痒。有的可长时间保持原型。

【诊断要点】

1. 临床症状　眼、口周围，肘、肢趾或其他部位皮肤脱毛，发红，呈圆斑脱毛，有黏性皮屑。继发感染时可从病变部挤出脓液。

2. 镜检　刮取病变部皮肤至出血，压片镜检可见到虫体或虫卵。

【治疗方案】

处方 1　伊维菌素注射液，0.3～0.5 毫克/千克体重，隔 7 天重复注射 1 次，重者可重复注射 3～4 次。

处方 2　多拉菌素注射液，0.3～0.4 毫克/千克体重，皮下注射，每周 1 次。连用 3～4 次。

处方 3　螨易 50 滴剂，分点外用，每 5 天用药 1 次。

处方 4　螨易 30 洗剂，对水稀释洗浴，每隔 5 天用药 1 次。

处方 5　福来恩喷雾，1 毫升/千克体重，外用，1～2 个疗程，疗程间间隔 2～4 周。

处方 6　柯利螨灭(洗剂和喷剂)，专用于柯利犬的治疗。

【用药分析】 ①用伊维菌素时药量要足，疗程要够，同时防止继发感染。②对于已继发感染的配合抗生素疗效好。③对于瘙痒明显的犬，应配合止痒药提高疗效。

【要点总结】 ①据笔者经验，犬蠕形螨多从眼、口、肘等易与其他病犬接触的部位开始传播，而后蔓延至全身。②犬蠕形螨病治疗周期较长，而且易复发，应与宠物主人沟通好，坚持治疗和预防再次感染。③对于全身严重感染的犬只，彻底治愈可能性较小。④单纯的蠕形螨感染时，病犬没有痒感，有许多医师根据病犬有无痒感来判断犬蠕形螨病，其实并不科学，大多病犬感染蠕形螨时就已出现了继发感染。⑤猫可携带蠕形螨而不表现症状。

十八、虱 病

虱病是由兽虱和毛虱寄生于犬、猫体表引起的以瘙痒和过敏性皮炎为主要特征的寄生虫病。

【临床症状】 因为犬毛虱以毛和表皮鳞屑为食，故有造成犬瘙痒和不安，犬啃咬瘙痒处而自我损伤，引起脱毛，继发湿疹、丘疹、水疱、脓疱等；严重时食欲差，影响睡眠，造成营养不良，可见被毛粗乱、消瘦和皮肤损伤。长颚虱吸血时分泌有毒的液体，刺激犬的神经末梢，产生痒感。患病犬、猫表现为烦躁不安，大量感染时引起化脓性皮炎，可见脱毛或掉毛。病犬精神沉郁、体弱，因慢性失血而贫血，对其他疾病的抵抗力差。

【诊断要点】 瘙痒，皮肤有丘疹、红斑，脱毛。经常啃咬，爪抓。拨开被毛可发现黄白色虱。

【治疗方案】

处方 1　伊维菌素注射液，0.2～0.3 毫克/千克体重，皮下注射，每周 1 次。

处方 2　多拉菌素注射液，0.2～0.3 毫克/千克体重，皮下注射，每周 1 次。

处方 3　0.5％马拉硫磷溶液，喷洒。

处方 4　卡巴士(西维因)0.5％溶液，局部涂搽。

处方 5　福来恩，喷雾或滴洒，1 毫升/千克体重，外用，每月 1

次。

处方 6 驱蚤灵,体表喷洒,每天 1～2 次。

处方 7 氰戊菊酯(速灭杀丁),80 毫克/升,涂抹。

处方 8 蚤不到喷剂,2 毫升/千克体重,全身均匀喷洒。

【用药分析】 ①对皮炎和瘙痒严重的病例,可用氯苯那敏(扑尔敏)等抗过敏药物缓解症状。②防止继发感染,全身应用抗生素和抗菌香波。③对周围环境可用敌百虫溶液喷雾。④对体质弱的犬应增加营养。⑤杀虫时应注意药物用量,防止发生中毒。

【要点总结】 ①犬毛虱还是犬复孔绦虫的传播媒介或中间宿主,在驱蚤同时也要使用驱绦虫药。②虱感染严重时除了脱毛外,皮肤可出现苔藓化。③大量虱在皮肤寄生时,会导致营养不良和皮肤免疫力下降,继发其他皮肤病。

十九、蚤 病

侵害犬的跳蚤主要是犬栉首蚤和猫栉首蚤,可引起犬(包括猫)的皮炎,也是犬绦虫的传播者。

【临床症状】 患病犬、猫表现为烦躁不安,啃咬、挠抓和摩擦患处。在耳郭、肩胛、臂部和腿部附近出现急性散在性皮炎,有的则在后背部和阴部发生慢性非特异性皮炎。病初患处出现丘疹、红斑,病程延长时则出现脱毛、落屑、痂皮、皮肤增厚和色素沉积等症状。严重感染的病犬猫则出现贫血、消瘦,并在其被毛上见到白色有光泽的蚤卵,背部被毛的根部有煤焦油样颗粒(蚤的排泄物)。

【诊断要点】

1. 临床症状 病犬多表现反复的、无目的、无特定部位的瘙痒症状;皮肤出现红疹,破溃后形成痂皮,有时可发现犬复孔绦虫节片的存在。

2. 鉴别诊断 观察到跳蚤或跳蚤粪便的存在;拨开颈部或臀

部被毛，可发现跳蚤作出诊断；若未发现跳蚤，但毛丛中有大量黑色点状跳蚤分泌物时也可做出诊断，但应注意跳蚤屎与灰尘区别。

蚤屎与灰尘区别：取干净卫生纸（用水浸湿）或纸巾，从毛丛中取少量似跳蚤屎样物质放入浸湿的卫生纸或纸巾上，用手轻轻揉搓，若出现红褐色斑迹即可确诊。

【治疗方案】

处方 1　伊维菌素注射液，0.2～0.3 毫克/千克体重，皮下注射，1 周后重复 1 次。

处方 2　氰戊菊酯，80 毫克/升，涂抹。

处方 3　甲氧葡烯，外用，每月 1 次（跳蚤成长抑制剂）。

处方 4　福来恩，喷雾或滴洒，1 毫升/千克体重，外用，每月 1 次。

处方 5　蚤不到喷剂，2 毫升/千克体重，全身均匀喷洒。

处方 6　驱蚤灵，体表喷洒，每天 1～2 次。

处方 7　佩戴跳蚤项圈。

【用药分析】　①对皮炎和瘙痒严重的病例，可用氯苯那敏和皮质类固醇等抗过敏药物缓解症状。②为防止继发感染，可适量应用抗生素。③对周围环境可用 1%～2%敌百虫溶液喷雾，杀死环境中的蚤。④杀虫时应注意药物用量，防止发生中毒。

【要点总结】　①预防跳蚤的有效方法可以采用犬项圈，对犬定期驱虫，对犬生活的环境定期喷洒杀虫剂，用含杀虫成分的洗发液洗澡等。②犬的跳蚤可传染给人，有些人对跳蚤有过敏现象。

二十、犬蜱病

犬蜱病是由多种硬蜱寄生于犬体表，引起以瘙痒、皮炎及严重贫血为特征的寄生虫病。

【临床症状】　蜱寄生于犬的体表吸食血液夺取营养，引起贫血、消瘦、发育不良。其所分泌的毒素引起的一种四肢肌肉对称性松弛的麻痹症，病初表现为不安、轻度震颤、步态不稳、共济失调、软弱无力直至后肢麻痹；随着病情加重，麻痹范围逐渐扩大，呈上行性进展，病犬前肢或后肢不能行动，麻痹的部位对刺激仍有反应，病犬出现呼吸麻痹后死亡。

【诊断要点】　在犬体表隐蔽处找到寄生蜱可做出诊断。

【治疗方案】

处方 1　伊维菌素注射液，0.2～0.3 毫克/千克体重，皮下注射，1 周后重复 1 次。

处方 2　多拉菌素注射液，0.2～0.3 毫克/千克体重，皮下注射，每周 1 次。

处方 3　皮蝇磷，0.25%～2.5%溶液，局部涂抹。

处方 4　马拉硫磷，0.5%溶液喷洒。

处方 5　蚤不到喷剂，2 毫升/千克体重，全身均匀喷洒。

处方 6　10%葡萄糖酸钙注射液和 10%葡萄糖注射液混合静脉注射，肌内注射复方甘草酸单铵注射液（强力解毒敏）、维生素 B_1、维生素 B_{12} 等，以促进功能的恢复。

【用药分析】　①在蜱活跃的季节，对易感犬定期进行药浴。②对已有神经症状的病犬应用少量抗毒素药物（如地塞米松）可缓解病情。③寄生蜱数量较多时，可用手拔除，但拔除时应垂直拔除，避免蜱口器留在犬皮肤内。

【要点总结】　①蜱通常附着在犬的头、耳、脚趾等隐蔽处吸血，寻找时应仔细。其附着部的皮肤受到刺激后虽然出现炎症反应，但病犬痒感不明显。②因蜱造成的贫血和蜱麻痹现象在宠物犬中非常少见。③蜱是细菌、病毒、立克次氏体和原虫的传播媒介。

第四章 宠物内科疾病

一、口 炎

口炎是指口腔黏膜及其深层组织的炎症。原发性口炎主要因为局部不良刺激引起。多见于机械损伤(骨头、鱼刺、铁丝等异物),化学因素(强酸、强碱),细菌和真菌感染。继发性口炎见于咽炎、鼻炎、微量元素和维生素缺乏,汞、铜、铅中毒等,以及犬瘟热、钩端螺旋体等传染病。

【临床症状】 采食、咀嚼发生障碍,咀嚼缓慢小心,拒绝粗硬食物,喜欢流质食物。在啃咬较硬食物时,常突然吐出食物,发出惊叫声,严重的完全不敢咀嚼。流涎,口角附有白色泡沫,或呈牵丝状流出,重症病例可出现大量流涎,并常混有血液或脓汁。口腔黏膜潮红,肿胀,口温增高,感觉过敏,呼出气体有腥臭或恶臭味。发生水疱性口炎时,舌、唇、齿龈、颊等处有时可见大小不等的水疱。发生溃疡性口炎时,黏膜可出现糜烂、坏死或溃疡。若为真菌感染,则可见有白色或灰白色稍高于口腔黏膜的菌斑。长期慢性口炎可因咀嚼不充分而致消化不良。

【诊断要点】

1. 临床症状 采食小心,咀嚼、吞咽困难,流涎;口腔黏膜潮红、肿胀、疼痛、增温,有口臭表现。

2. 鉴别诊断 溃疡性口炎时口腔黏膜溃疡、糜烂,甚至坏死;水疱性口炎时口腔黏膜有白色或灰白色菌斑。

【治疗方案】

处方1 1%食盐水或0.1%高锰酸钾溶液冲洗口腔病灶，1~2次/天。

处方2 1%明矾或2%~3%硼酸溶液冲洗口腔，1~2次/天。

处方3 2%碘甘油或2%龙胆紫于冲洗后涂于口腔溃疡面，2~3次/天。

处方4 中成药冰硼散(配方:冰片30克、硼砂30克、朱砂30克、玄明粉30克、黄药子20克、白药子20克，共研细末，封瓶备用)喷入口腔，2~3次/天。

处方5 维生素 B_2 注射液，1~2毫升/次，维生素C 1~2毫升/次，肌内注射。

处方6 阿托品注射液，0.03~0.05毫克/千克体重，皮下注射，抑制唾液分泌。

处方7 氨苄西林钠，0.1克/千克体重，肌内注射或静脉注射，2次/天。

处方8 头孢拉定，0.1克/千克体重，肌内注射或静脉注射，2次/天。

处方9 酮康唑片，15~20毫克/千克体重，口服，2次/天。

处方10 两性霉素B片，0.25~0.5毫克/千克体重，口服，2次/天。

处方11 5%糖盐水100~200毫升，ATP、CoA、维生素C、维生素 B_6 等静脉注射，重症不能进食时用。

处方12 复方氨基酸注射液，10~20毫升/千克体重，静脉注射。

处方13 5%糖盐水250~500毫升，青霉素钠400万单位，双黄连注射液20~40毫升，利巴韦林注射液2~5毫升，维生素C注射液10毫升，654-210毫克(10千克体重)混合静脉注射。

【用药分析】 ①消炎和采取适当的限饲是必须的。②有资料报道，口服甲硝唑和复方新诺明效果较好。③由于病犬口腔微生物和食物连续刺激作用，口炎治疗需持续用药较长时间才能痊愈，定时清洁口腔可缩短疗程。

【要点总结】 ①口腔清洗时，应仔细观察口腔有无异物，并及时清除异物，去除口腔坏死组织碎片，口腔涂抹药物要均匀，以利于康复。②对不能吞咽的犬、猫及时采用能量合剂进行营养支持疗法。③平时应注意口腔卫生。④禁喂尖锐骨头，防止鱼刺损伤口腔。⑤治疗期间喂以流质食物，以减少对口腔黏膜的刺激。

二、胃 肠 炎

胃肠炎是胃肠黏膜表层及深层组织发生的炎症。临床上以消化紊乱、腹痛、腹泻、发热以及迅速脱水为主要特征。原发性胃肠炎主要是饲养管理不良，采食了腐败或污染食物；强烈刺激性药物；机体抵抗力下降，过劳，外感风寒引起胃肠功能的紊乱；滥用抗生素，扰乱肠道内的正常菌群。继发性胃肠炎多见于某些传染病（细小病毒、冠状病毒），细菌病（大肠杆菌、沙门氏菌），寄生虫（钩虫、球虫、蛔虫等），某些矿物质、维生素缺乏也可促使本病的发生。

【临床症状】 急性病例食欲不振或废绝，体温升高，喜饮，饮后发生呕吐，呕吐物白色或黄色。粪便呈水样，有难闻的恶臭味。若小肠严重出血，粪便呈黑绿色或黑色；若后段肠管出血，粪便表面附有血丝，肠蠕动音增强，腹部听诊有肠鸣音，腹壁紧张，触之敏感，可听见低声呻吟。重症病例可出现脱水，电解质紊乱，甚至出现昏迷和休克。慢性病例偶有呕吐，反复腹泻，消化不良，粪便中常会有消化不全的食物，逐渐消瘦。

【诊断要点】

1. 临床症状 呕吐，腹泻，腹痛。体温正常或偏高，后期严重脱水时体温降低；胃肠蠕动音增强，腹部听诊可闻肠鸣音。

2. 血常规检查　白细胞总数升高，嗜中性粒细胞比例增加，红细胞压积升高，如伴有严重寄生虫感染时酸性粒细胞增多。

【治疗方案】　采用抗菌消炎，对症，补液等综合疗法。

处方 1　氨苄西林，0.1 克/千克体重，肌内注射或静脉注射，2 次/天。

处方 2　阿米卡星注射液，0.1 毫克/千克体重，皮下注射或肌内注射，2 次/天。

处方 3　庆大霉素注射液，0.5 万～1 万单位/千克体重，皮下注射或肌内注射，2 次/天。

处方 4　头孢拉定，0.1 克/千克体重，肌内注射或静脉注射，1 次/天。

处方 5　地塞米松磷酸钠注射液，0.5～4 毫克/千克体重，肌内注射或静脉注射，1 次/天。

处方 6　胃复安注射液，0.05～0.1 毫克/千克体重，肌内注射，1～2 次/天。

处方 7　爱茂尔注射液，2～4 毫克/千克体重，肌内注射，1～2 次/天。

处方 8　氯丙嗪注射液，0.25～0.5 毫克/千克体重，皮下注射，1～2 次/天。

处方 9　西咪替丁或雷尼替丁注射液 1～2 毫升，肌内注射或静脉注射，1～2 次/天。

处方 10　安络血注射液，1～2 毫升，肌内注射，1～2 次/天。

处方 11　止血敏注射液，2～4 毫升，肌内注射或静脉注射，1～2 次/天。

处方 12　林格氏液或生理盐水，5%～10%葡萄糖加 ATP、CoA、维生素 C、维生素 B_6 静脉注射。

处方 13　5%碳酸氢钠注射液，10～20 毫升，静脉注射。

处方14　10%氯化钾注射液0.5～5毫升，静脉缓慢滴注。

处方15　2%普鲁卡因注射液0.1毫升/千克体重，穿心莲注射液0.2毫升/千克体重，交巢穴注射。腹泻严重，粪便失禁时用。

处方16　云南白药胶囊、肠炎灵胶囊各1～2克，生理盐水50～100毫升保留灌肠。

【用药分析】　①病初要控制饮食，甚至禁食、禁水。中后期待食欲恢复后可喂一些易消化的食物。禁喂鱼、肉、蛋及浓牛奶等不易消化吸收的食物。②呕吐严重时重用止吐药物，并增加用药次数，每天2～3次并同时配合抑制胃酸分泌的药物。出血，腹泻严重时，重用止血药物配合止泻药物交巢穴封闭或采用止泻药物进行灌肠。③胃肠炎病例多因呕吐、腹泻、便血、脱水而导致死亡，因此治疗中静脉输液十分重要。④治疗时应选用对肠道细菌作用强的药物进行治疗，但应注意该类药物对肝、肾的毒性。⑤病犬呕吐严重时应注意补钾，腹泻严重时应注意补充碳酸氢钠，出血严重时应注意补充葡萄糖酸钙。

【要点总结】　①引起肠炎的病因十分复杂，治疗时应查清病因，综合治疗，以提高治愈率。②加强饲养管理，饲喂时要做到定时，定量，食物应新鲜卫生，严禁饲喂变质或不洁食物。及时驱虫，冬季注意保暖。

三、肠梗阻

肠梗阻是犬、猫的一种急腹症，常因小肠内发生机械性阻塞或小肠正常位置发生不可逆变化（如肠套叠、肠嵌闭及肠扭转），致使肠内容物不能顺利下行，局部血液循环严重障碍。原发性肠梗阻主要因为食入不易消化的食物或异物所致（如较大的骨块、毛团、石块、果核以及玩耍时误吞毛线团、玩具等堵塞肠管；大量寄生虫寄生在肠管，形成团块也可堵塞肠管）。继发性肠梗阻常继发于肠粘连、肠变位和肠痉挛等病程中。

【临床症状】 呕吐，严重病例甚至呕吐粪便，腹痛，腹胀，不时呻吟或嚎叫。肠蠕动音先亢进后减弱，排出焦油样腹泻便，完全阻塞后排便停止。随着肠管局部血液循环障碍，病变部位的肠管开始出现麻痹和坏死，此时精神高度沉郁，自体中毒，休克，如不及时治疗将造成死亡。慢性肠梗阻主要表现逐渐消瘦、脱水。

【诊断要点】

1. 临床症状　顽固性呕吐，多发生在饮食后2～3小时，严重时甚至呕吐粪便；腹痛，腹胀，呻吟，排便少或停止排便。

2. 鉴别诊断　硬物梗阻（石头、果核）时通过触诊可感知硬物及梗阻的部位。软物梗阻（袜子、塑料袋）时通过触诊较难确诊，应根据犬品种特性、X线检查等综合诊断方法才能确诊。

【治疗方案】 对于不完全阻塞采用保守疗法，对于完全阻塞应进行手术疗法。

1. 保守疗法　先灌服6%～8%硫酸镁或硫酸钠溶液30～50毫升或植物油（豆油，花生油）10～30毫升，配合腹部按摩或直接将阻塞物压碎，促使内容物排出。如阻塞发生于肠管后段，可用大量液状石蜡进行深部灌肠；同时进行输液，消炎，补充营养，纠正酸碱平衡等支持疗法。

2. 手术疗法　保守疗法治疗无效时，应尽早进行手术治疗。常规麻醉，仰卧保定，术部剑状软骨至耻骨前缘剪毛消毒，腹中线打开腹腔，探查到阻塞肠管，将阻塞物肠管拉出伤口外，并用浸有生理盐水的纱布隔离肠管与伤口，以防肠内容物流入腹腔。用肠钳夹住梗阻肠管两侧，如肠管活力正常，在肠系膜对侧纵行切开肠管，取出阻塞物，用生理盐水冲洗干净，羊肠线结节缝合肠管切口。如肠管严重淤血或坏死，则行肠管部分切除和断端吻合术，最后网膜覆盖于手术部肠管，还纳腹腔，常规关闭腹腔。术后禁食3～4天，静脉输液、消炎、补充营养和水分。4～5天喂以流质食物，以后逐渐过渡到饲喂正常食物。

【要点总结】 ①采用保守疗法给病犬灌服泻剂时，往往由于呕吐效果不甚明显，临床上若是完全梗阻时，应尽早采取手术疗法。②肠梗阻易和其他疾病（细小病毒、肠道寄生虫）混合感染，治疗时应查明病因，综合治疗。

四、巨结肠症

巨结肠症又称自发性巨大结肠症，是指由各种原因引起结肠迷走神经兴奋性降低，导致结肠平滑肌松弛，肠管扩张的疾病。临床上分先天性和继发性两种。

【临床症状】 先天性病例在生后 2～3 周出现症状，症状轻重依结肠阻塞程度而异，有的数月或常年持续便秘，偶有排出褐色水样便。病犬腹围膨胀似桶状，腹部触诊可感知充实粗大的肠管。继发性病例精神沉郁，喜卧，呕吐，便秘，时间长时出现衰弱脱水症状。

【诊断要点】 顽固性便秘，腹部触诊，肛门指检肠内有干硬粪块；结肠扩张和肥大。

【治疗方案】 疏通肠管，促进排便。

处置 1　对于症状较轻病例，投服泻剂，也可采用温肥皂水 100～200 毫升或液状石蜡 20～50 毫升灌肠，同时结合腹壁适度按压秘结粪便，促使粪便排出。直肠后段或肛门便秘时可用异物钳将干硬粪块逐渐取出。

处置 2　对于结肠内粪球较硬，保守疗法无效，先天性直肠或结肠狭窄，阻塞性肿瘤或异物等，可施行外科肠管切开术或肠管切除术除去病变。常规麻醉，仰卧保定，耻骨前缘至脐部剪毛消毒，沿腹中线切开腹壁，可见粪便积结段肠管粗大，坚硬，肠壁多呈暗红色。将病变部结肠取出并用浸有生理盐水的纱布进行隔离。助手用两手的食指和中指分别夹住阻塞物两端肠腔。术者用手术刀切开肠壁全层，其切口长度以接近阻塞物的直径为宜。然后轻轻挤出异物或粪球。肠管切口进行冲洗消毒后，全层密集结节缝合法闭合肠管，生理盐水冲洗干净后肠系膜包裹放入腹腔，腹腔内投入消炎粉。常规缝合腹膜、腹肌和皮肤。对于病变严重的，应做结肠切除，然后进行肠管吻合。切除时，远离肠系膜，动、静脉应注意保留完整，以最大限度给结肠吻合供血。术后静脉输液，以纠正水、电解质平衡失调，抗生素连用5～7天，以防感染。

【要点总结】　①巨大结肠症治疗采用灌肠术，结肠切开取粪或结肠横断切除术。灌肠，结肠切开取粪便只是暂时缓解症状，不能根治，还有可能复发。结肠切除术是治疗该病最有效方法。②术后禁食3～4天，合理应用抗生素，并进行营养支持疗法，4天以后喂以流质食物。结肠切除术预后良好，有些犬、猫会出现4～6周的轻中度腹泻。③术后出现连续呕吐、发热、白细胞增多及腹壁紧张等提示已发生腹膜炎，应进行腹腔穿刺或腹腔灌洗。

五、胰腺炎

胰腺炎是因胰蛋白酶消化胰腺自身所引起的一种以胰腺水肿、出血、坏死为主要病理过程的疾病。临床上分为急性胰腺炎和慢性胰腺炎两种。

【临床症状】

1. 急性胰腺炎　突发性腹部剧痛，剧烈呕吐，昏迷或休克。初期厌食、腹泻、粪中带血；以后出现持续性顽固性呕吐，饮水或吃食后更加明显，排粪量增加，粪便中含有大量脂肪和蛋白。严重时波及周围器官形成腹水，腹壁紧张，腹部膨胀。随着病情发展，可出现昏迷甚至休克。

2. 慢性胰腺炎　食欲亢进，生长停止，明显消瘦，排粪量增加，腹泻，粪中含有大量脂肪和蛋白，伴有恶臭，呈灰白色或黄色光泽。腹痛反复发作，疼痛剧烈时常伴有呕吐。当病变波及胃、十二指肠及胆总管时，可导致消化道梗阻。本病还可出现高血糖和糖尿病。

【诊断要点】

1. 急性胰腺炎

(1)临床症状　上腹部右侧触诊疼痛，进食或饮水时腹痛加剧，呈祈求姿势。

(2)血液检查　血常规检查：白细胞总数增多，中性粒细胞增多核左移。血液生化检查：血清淀粉酶和脂肪酶活性升高，血清尿素氮增多，血糖升高，血钙降低。

(3)B超检查　胰腺肿大，增厚或呈假性囊肿。

(4) X线检查　上腹部密度增加，有时可见胆结石和胰腺部分有钙化点。

2. 慢性胰腺炎

(1)临床症状　腹上区触诊疼痛，消化不良，脂肪便，消瘦，生长停止。有时出现多饮多尿的糖尿病症状。

(2)镜检　粪便呈酸性反应，显微镜下可见脂肪球和肌纤维。

(3) X线软胶片试验　X线片检查无亮点。

【治疗方案】　抑制腺体分泌，消炎止痛，加强饲养管理。

处置　在出现症状的4天内，禁食禁水，以防止刺激腺体分泌。禁食时需静脉补液，维持营养和调整酸碱平衡。脂肪泻时补充胰酶及维生素K、维生素A、维生素D、维生素B、叶酸和钙来减轻临床症状。

处方1　阿托品注射液，0.04～0.05毫克/千克体重，皮下注射，6～8小时1次，抑制胰腺分泌。

处方2　胰肽酶注射液，5万～10万单位，缓慢静脉注射，抑制腺体分泌。

处方3　头孢哌酮钠，0.1克/千克体重，肌内注射或静脉注射。

处方4　盐酸吗啡注射液，0.5～0.75毫克/千克体重，皮下注射，1次/天，腹痛明显时用。

处方5　盐酸曲马朵注射液，50～100毫克，肌内注射或静脉注射，2次/天。

处方6　地塞米松磷酸钠注射液，0.5～4毫克/千克体重，肌内注射或静脉注射。

处方7　生理盐水50～200毫升、ATP、CoA、维生素C、维生素B_6、10% KCl静脉注射。

【用药分析】　①阿托品是较好的抑制腺体分泌的药物，但因毒性较大使用时间不宜太长。②抑肽酶主要降低胰酶活性，使用时先用冲击量（5万～10万单位），然后用维持量（3万～5万单位），使血液中维持较高而稳定的浓度。症状消失，检验室指标下降至正常后即停止使用。

【要点总结】　①胰腺炎为宠物常见内科病，多发于成年犬、猫。主要是由于饲料结构不合理，高脂肪物质投喂过量而引起，因此不要过分饲喂高脂肪、高蛋白饲料，这是防止本病的重要措施。②血清生化检查：血清淀粉酶及脂肪酶的活性升高是诊断胰腺炎的重要依据。对于基层检验条件差的宠物医院，可利用简单的明胶实验和X线软胶片试验进行诊断，这两种方法操作简单，材料来源广，不失为经济适用的好方法。③治疗期间必须禁食禁水，以减少对胰腺的刺激；营养补充可采取静脉输液或直肠滴灌方法进行。

六、便　秘

便秘是指肠道内容物和粪团滞积于肠道某部，逐渐变干变硬，使肠道扩张直至完全阻塞。

【临床症状】 临床上以反复努责,但排不出粪便为主要特征。多见于老龄犬、猫。原发性便秘多因饲养管理不当,饲料单一,饮水不足及运动量小等引起。食欲不振或废绝,呕吐或吐粪,尾巴伸直,步态紧张。脉搏加快,可视黏膜发绀。轻症病例反复努责,排出少量秘结粪便;重症病例屡呈排便姿势,排出少量混有血液或黏液的液体,肛门发红或水肿。触诊后腹上部有压痛,并在腹中后部摸到串珠状的坚硬粪块,肠音减弱或消失。直肠能触到硬的粪块,有的可见腹围膨大、肠胀气等。

【诊断要点】

1. 临床症状 反复努责,排便困难,大肠内能触摸到干硬粪球。

2. X线检查 肠管扩张,其中含有致密粪块或异物阴影。

【治疗方案】 灌肠排便,抗菌消炎。

处方1 10%硫酸镁溶液,20～50毫升/次,口服。

处方2 液状石蜡或豆油,20～60毫升/次,口服。

处方3 酚酞溶液,0.2～0.5克/次,口服。

处方4 开塞露,5～20毫升/次,直肠灌注。

处方5 温肥皂水或液状石蜡,50～100毫升/次,灌肠,必要时2～3小时重复1次。

处方6 氨苄西林,0.1克/千克体重,肌内注射或静脉注射。

处方7 手术疗法。如以上方法无效,则须剖腹直接按摩结粪,促进排出;如仍不能使积粪破碎,则要切开肠管取出内容物;如局部肠管已发生淤血、坏死,应切除后做肠管吻合术。

【要点总结】 ①对于轻度便秘勿须灌服泻剂,可叮嘱宠物主人喂以纯牛奶、蜂蜜水即可。②中度便秘一般采用灌肠方法治疗,但在灌肠过程中应注意心脏变化,以免发生心力衰竭。③若保守疗法无效时,应尽快实施手术,以避免毒素吸收中毒。④犬、猫进入中老年阶段，由于各组织器官功能下降，时常会出现便秘现象，因此平时应做好饮食结构调整和身体锻炼。

七、感　冒

感冒是指机体因风寒侵袭而引起的以上呼吸道感染为主的急性、全身性疾病。多发于幼龄犬、猫。早春，晚秋及气候多变的季节多发。

【临床症状】 精神沉郁，嗜睡，体温升高40℃以上，四肢末端发凉。呼吸加快，咳嗽，打喷嚏，流清鼻涕，以后逐渐变成黏性、脓性鼻液，眼睛羞明流泪；食欲减退，有时废绝；有的可因鼻黏膜高度肿胀而引起呼吸困难，呼吸次数增多，肺呼吸音增强；心率加快，心音增强。如治疗不及时，常转为气管炎或肺炎。

【诊断要点】

1. 病史　寒冷侵袭或风吹雨淋，洗澡后受凉发病。

2. 临床症状　羞明流泪，流清涕，体温升高，轻微咳嗽，无传染性。

3. 治疗性诊断　应用解热、消炎药物症状迅速缓解。

【治疗方案】 解热镇痛，防止继发感染。

处方1　氨基比林注射液，1～2毫升/次（小型犬），5～10毫升/次（大型犬），皮下或肌内注射，1～2次/天。

处方2　安乃近注射液，1～2毫升/次（小型犬），5～10毫升/次（大型犬），皮下或肌内注射，1～2次/天。

处方3　阿司匹林片，0.5～1克，口服，2～3次/天。

处方4　氨苄青霉素，0.1克/千克体重，皮下或肌内注射，2次/天。

处方5　阿米卡星注射液，10～20毫克/千克体重，肌内注射，2次/天。

处方 6　头孢拉定,0.1 克/千克体重,肌内注射,2 次/天。

处方 7　罗红霉素片,10～20 毫克/千克体重,口服,2～3 次/天。

处方 8　阿莫西林颗粒,参考幼儿用量口服,2～3 次/天。

处方 9　板蓝根冲剂或感冒清冲剂,每次 0.5～1 包,2 次/天,连用 2～3 天。

处方 10　利巴韦林注射液,15～20 毫克/千克体重,肌内注射,1 次/天。

处方 11　清开灵注射液,2～4 毫升/次,肌内注射,1 次/天。

处方 12　双黄连注射液 2～4 毫升/次,肌内注射,1 次/天。

【用药分析】　①体温不超过 39.5℃时,尽量不用退热药。②禁用人医感冒药(如感冒通、新康泰克、白加黑、快克等)给犬治疗,以免发生中毒。③感冒多不影响采食,可选择口服给药方式治疗,以减少注射造成的刺激。

【要点总结】　①加强饲养管理,喂给易消化优质食物;在气温骤变季节,注意防寒保暖工作。②给犬洗澡后一定要吹干被毛,尤其是长毛犬。有些宠物主人在夏季给犬洗澡后让其自然风干,往往导致犬感冒。③若犬、猫体质好、抵抗力强,轻度感冒可自愈。④感冒症状可能是某些传染病的先兆。

八、支气管炎

支气管炎是支气管黏膜表层或深层的急慢性炎症。本病发病原因较多,有的受寒冷刺激,使气管、支气管黏膜防御功能下降,病原菌(肺炎球菌、链球菌)侵入引发炎症;有的因机械性或化学性刺激如灰尘、煤气、氨气等吸入支气管诱发;也有的继发于某些病毒(犬瘟热、传染性肝炎、腺病毒二型)和寄生虫(蛔虫、肺丝虫)以及邻近组织器官的炎症蔓延(感冒、喉炎、肺炎)。

【临床症状】

1. 急性支气管炎 咳嗽，初期剧烈干咳，几天后随着渗出物的增多，变成湿咳，严重时为痉挛性咳嗽，在早晨尤为明显，咳后开始呕吐。鼻流浆液性、黏液性或脓性鼻液。肺部听诊有干性或湿性啰音。同时并发体温升高，呼吸急促，黏膜发绀等全身症状。

2. 慢性支气管炎 以长期顽固性咳嗽为主。咳嗽在运动、采食、清晨气温偏低时尤为剧烈。当支气管扩张时鼻中有大量腐臭液体外流，无并发感染，体温正常，胸部听诊常听到干性啰音。

【诊断要点】

1. 临床症状 初期短促干性痛咳，后转为湿性长咳，鼻液初期水样，后转稠；肺部听诊啰音明显。

2. X线检查 无病灶性阴影，但有较粗纹理的支气管阴影。

【治疗方案】 抗菌消炎，止咳平喘，强心补液。

处方1 氨苄西林，0.1克/千克体重，肌内注射或静脉注射，1～2次/天。

处方2 头孢拉定，0.1克/千克体重，肌内注射或静脉注射，1～2次/天。

处方3 头孢呋辛钠，0.1克/千克体重，肌内注射或静脉注射，1～2次/天。

处方4 头孢曲松钠，0.1克/千克体重，肌内注射或静脉注射，1～2次/天。

处方5 克林霉素磷酸酯注射液，50毫克/千克体重，肌内注射或静脉注射，1～2次/天。

处方6 阿奇霉素，20毫克/千克体重，肌内注射或静脉注射，1～2次/天。

处方7 地塞米松磷酸钠注射液，2～5毫克/次，肌内注射，1次/天，连用3天。

处方8 双黄连注射液，1～2毫升/千克体重，5%葡萄糖30～

50 毫升，静脉注射。

处方 9　清开灵注射液，0.5～1 毫升/次，5%葡萄糖 30～50 毫升，静脉注射。

处方 10　联邦止咳露，2～5 毫升/次，口服，3 次/天。

处方 11　小儿咳喘灵颗粒，1～2 袋/次，口服，2 次/天。

处方 12　急支糖浆，2～5 毫升/次，口服，2 次/天。

处方 13　氨茶碱注射液，0.05～0.1 克/次，肌内注射或静脉注射。

处方 14　5%葡萄糖、5%右旋糖酐、10%安钠咖，静脉注射。

处方 15　鱼腥草注射液 2～10 毫升，生理盐水 10～20 毫升，超声波雾化。

【用药分析】　①在使用消炎药的同时，应配合应用其他药（止咳糖浆、小儿咳喘灵颗粒、咳特灵）等口服，以缩短病程，提高疗效。②中药双黄连、清开灵注射液有一定效果，治疗时应与抗生素配合使用。③有些中药如鱼腥草、穿心莲、柴胡有过敏情况发生。

【要点总结】　①支气管炎疗程较长，治疗时应与宠物主人讲明。②治疗期间，加强饲养管理，防止再次着凉，使病情加重。

九、肺　炎

肺炎是肺细支气管、肺泡和肺间质的急性或慢性炎症。临床上以高热稽留，呼吸障碍，低氧血症，肺部广泛浊音区为主要特征。本病主要由于病毒（犬瘟热、腺病毒），细菌（肺炎球菌、链球菌、葡萄球菌），真菌（组织胞质菌）以及寄生虫（原虫、蠕虫）等侵入呼吸系统引起。

【临床症状】　精神不振，食欲减退或废绝，体温高达 40℃以上，稽留不退，脉搏可达每分钟 100～150 次，结膜潮红或发绀；鼻镜干燥，流鼻液，先为浆液性，后为黏液性或脓性，有时可见铁锈色鼻液；常有剧烈的疼痛性咳嗽；呼吸急促，可达每分钟 50 次以上，并伴有明显的腹式呼吸，呈进行性呼吸困难，有严重的缺氧症状，可视黏膜发绀。肺部听诊，病初肺泡呼吸音增强，可听到湿性啰音，随着病程发展，肺泡呼吸音减弱或消失，但肺泡呼吸音消失区周围的肺泡呼吸音增强；叩诊病变区域呈浊音或半浊音，周围肺组织呈过清音。

【诊断要点】

1. 临床症状 呼吸急促，咳嗽剧烈，体温升高 40℃以上，稽留不退。

2. 血常规检查 白细胞总数升高，中性粒细胞增多，核左移。变态反应引起的病例，嗜酸性粒细胞增加。

3. X 线检查 肺部有典型的炎灶性阴影。

【治疗方案】 消炎，止咳，化痰，制止渗出。

处方 1 氨苄西林，0.3～0.5 克/千克体重，地塞米松磷酸钠注射液 2 毫克/千克体重，利巴韦林注射液 50 毫克/千克体重，5%葡萄糖注射液 100～200 毫升，静脉注射。

处方 2 头孢曲松钠，0.3～0.5 克/千克体重，地塞米松磷酸钠注射液 2 毫克/千克体重，利巴韦林注射液 50 毫克/千克体重，5%葡萄糖注射液 100～200 毫升，静脉注射。

处方 3 阿奇霉素，0.3～0.5 克/千克体重，5%葡萄糖注射液 100～200 毫升，静脉注射。

处方 4 克林霉素磷酸酯注射液，0.03～0.05 克/千克体重，地塞米松磷酸钠注射液 2 毫克/千克体重，利巴韦林注射液 50 毫克/千克体重，5%葡萄糖 100～200 毫升，静脉注射。

处方 5 双黄连注射液，1～2 毫升/千克体重，5%葡萄糖注射液 30～50 毫升/千克体重，静脉注射。

处方 6 清开灵注射液，1～2 毫升/千克体重，5%葡萄糖注射液 30～50 毫升/千克体重，静脉注射。

处方 7　盐酸麻黄碱片，5～15 毫克，口服，2 次/天。

处方 8　醋酸泼尼松片，0.5～1 毫克/千克体重，口服，隔天 1 次。

处方 9　氯化铵溶液，100 毫克/千克体重，口服，2 次/天，用于湿性咳嗽。

处方 10　10％葡萄糖注射液 50～100 毫升，10％葡萄糖酸钙注射液 10～20 毫升，维生素 C 500 毫克，静脉注射，1 次/天。

处方 11　速尿注射液，2～4 毫克/千克体重，肌内注射或静脉注射。

【用药分析】　①流脓涕严重时多用氨苄青霉素和头孢类效果较好；咳嗽严重时多用阿奇霉素效果较好；气喘严重时可配合使用地塞米松进行治疗。②严重肺炎尽量少输液或不输液，因其有引发肺水肿，使病情加重可能。

【要点总结】　①肺炎的原因复杂，近年来笔者经常见到真菌和寄生虫引起的肺炎，应注意。②支原体、衣原体肺炎多是细菌、病毒性肺炎发展而来。③据临床资料分析，犬、猫病毒性肺炎占临床肺炎病例的 50％以上。因此，在未查明肺炎的确切原因之前，抗病毒疗法是必要的。

十、心 肌 炎

心肌炎是伴发心肌兴奋性增强和心肌收缩功能减弱为特征的心脏肌肉炎症性疾病。多为其他疾病继发或并发，单独发病较少。

【临床症状】　急性心肌炎以心肌兴奋为主，表现心律失常现象。稍做运动后，心跳迅速增加，即使运动停止，仍可持续较长时间，脉搏快而充实，心悸，心音增强。当心肌出现营养不良或变性时，表现心力衰竭，第二心音减弱，心律失常。重症心肌炎全身衰竭，震颤，昏迷，死亡。慢性心肌炎表现为周期性衰竭。病犬运动后出现呼吸困难，脉搏加快，并出现心律失常。黏膜发绀，腹水或胸腔积液，体表水肿，最后心衰而亡。

【诊断要点】

1. 测定心肌功能　先测定病犬、猫安静时的心率，然后令犬、猫运动5分钟再测心率。如果是心肌炎，停止运动2～3分钟后，心率仍然很快，要较长时间才能恢复到原来的心跳数。

2. 心电图检查　ST段减低或升高，R波增高，T波减弱，QRS期延长，心电力波幅减低。

3. X线检查　心影扩大。

【治疗方案】　除去病因，减轻心脏负担，增加心肌营养，抗感染和对症治疗。

处置　对于感染性因素引起的心肌炎，尽早使用抗病毒药、抗生素以及驱虫药物治疗。传染病引起的可用血清等生物制剂进行特异性治疗。中毒性疾病应及时使用特效解毒药。同时，使病犬、猫保持安静，避免运动，减少刺激因素等。

处方1　10%葡萄糖注射液30～60毫升，ATP、CoA、维生素C、肌苷、细胞色素C各1支静脉注射，1次/天，增强心肌营养。

处方2　5%葡萄糖注射液30～50毫升，生脉注射液4～10毫升，静脉注射，1次/天。

处方3　5%葡萄糖注射液100～200毫升，10%氯化钾注射液1～2毫升静脉注射，1次/天。

【用药分析】　①心肌炎发生时，主要以营养心肌为主，如ATP、CoA、葡萄糖可有效防止心肌炎病情加重。②钾离子在维持心脏正常生理功能方面具有重要作用。

【要点总结】　①对有心肌炎的病犬应使其充分休息，以减少心脏负担。②心肌炎多由其他疾病（细小病毒病）继发而来，因此及时治疗原发病可有效防止心肌炎的发生。

十一、急性心力衰竭

急性心力衰竭是因心肌收缩力急剧减弱，导致心排血量减少，静脉回流受阻，动脉系统供血不足而引起的以全身循环障碍为主的综合性病理过程。犬、猫均可发生。

【临床症状】 高度呼吸困难，张口喘气，精神极度沉郁，脉搏细数而微弱，可见黏膜发绀，体表静脉怒张；体温降低，全身水肿，四肢末端发凉，并发肺水肿，胸部听诊可见广泛性湿性啰音，两侧鼻孔流出泡沫样鼻液。重症者神志不清，突然倒地痉挛，昏迷而死亡。

【诊断要点】

1. 临床症状 呼吸困难，张口喘气，浅表静脉怒张，四肢水肿；心脏收缩，心音增强，心律失常，脉细弱，肺广泛性湿性啰音。

2. X线检查 心影扩大，肺充血，间质性水肿及肺泡性水肿。

【治疗方案】 缓解呼吸困难，增强心肌收缩力。

处方1 鼻导管吸氧，氧气流量控制在每分钟4～6升。

处方2 尼可刹米注射液，0.125～0.5克，皮下、肌内或静脉注射。

处方3 氨茶碱注射液，0.05～0.1克，10%葡萄糖注射液20～40毫升，缓慢静脉注射，平喘。

处方4 0.1%肾上腺素注射液，0.1～0.3毫升，10%葡萄糖注射液20～40毫升，缓慢静脉注射，增加心肌收缩力。

处方5 毒毛旋花子苷K注射液，0.25～0.5毫克/次，5%葡萄糖注射液20毫升静脉缓慢注射，必要时2～4小时后半量重复注射，用于原发性心力衰竭。

处方6 毛花苷C注射液，0.2～0.4毫克/次，5%葡萄糖注射液20毫升静脉缓慢注射，必要时2～4小时后半量重复注射，用于原发性心力衰竭。

处方7 樟脑磺酸钠注射液,0.05～0.1克,肌内注射或静脉注射,用于中毒性心力衰竭。

处方8 10%葡萄糖,20～40毫升,氢化可的松注射液10～20毫克或地塞米松磷酸钠注射液2～5毫克,静脉注射,改善心肌代谢,减轻肺脏毛细血管通透性,减轻心脏负荷。

处方9 速尿注射液,1～2毫克/千克体重,肌内注射或缓慢静脉注射,利尿消肿减轻心脏负担。

处方10 5%碳酸氢钠注射液,10～20毫升,静脉注射,用于呼吸性酸中毒。

处方11 10%葡萄糖,50～100毫升,ATP、CoA、维生素C、维生素B_6、细胞色素C等静脉注射,增强心脏收缩力,增强机体抵抗力。

【用药分析】 ①吸氧疗法可提高吸入气体中氧的浓度,提高动脉血管氧的含量及饱和度,以促进急性心衰状态下患病宠物机体组织的新陈代谢,挽救急性心力衰竭状态下的呼吸抑制,改善病理状态,具有重要意义。②治疗急性心力衰竭的首选强心药是西地兰和毒毛旋花子苷K,它能迅速提高心肌的兴奋性,加强心肌收缩力,改善心脏功能;同时改善静脉和动脉血容量不足,减轻和消除呼吸困难、水肿、发绀等症状。③治疗宠物急性心力衰竭时,静脉输液不宜过多,滴注的速度不宜过快,抢救过程中应积极治疗原发病。

【要点总结】 ①临床上急性心力衰竭与休克易混淆,应注意区别:发生急性心力衰竭时,血压下降,中心静脉压升高,体表静脉怒张,而休克则表现血压下降,中心静脉压下降,体表静脉萎陷。②充分休息和保暖对心力衰竭的病犬尤为重要。

十二、过　敏

过敏是动物机体的一种免疫病理反应。某些品种犬、猫个体，对某些致病原具有特异性过敏体质，当致敏物质初次进入机体后，体内产生大量的免疫球蛋白 LgE 型抗体，使机体处于致敏状态，当已被致敏的犬、猫再次接触相同致敏原时，致敏原即与体内 LgE 结合，引起过敏反应。过敏主要由药物、食物、吸入某些异物等引起。

【临床症状】

1. 药物引起过敏　急性为流涎，肌肉震颤，惊叫，瞳孔散大，卧地不起，呼吸困难，休克甚至死亡。慢性为嘴巴、眼睛肿胀，瘙痒，烦躁不安，兴奋或精神沉郁，皮肤出现丘疹、脓疱等。

2. 异物引起过敏　呈现干咳，气喘，运动时加重，皮肤瘙痒，皮肤出现鳞片，表皮脱落。有的结膜发炎，羞明，流泪，打喷嚏等。

3. 食物引起过敏　全身瘙痒，不时以爪抓头皮，有的出现荨麻疹或皮肤水肿。猫则皮肤上出现粟米大小的丘疹和湿疹，经抓挠或啃咬后形成溃疡和小结节。有的出现胃肠道反应，呕吐，排水样稀便，严重的便中带血，排便里急后重。

【诊断要点】

1. 病史　有使用致敏药物、食物、吸入致敏物病史等。

2. 临床症状　病犬烦躁不安，有时鸣叫或用爪挠地等。

【治疗方案】　由药物引起的停用致敏药物，由引入异物引起的过敏，将犬、猫转移到安全地方，由食物引起的停止饲喂致敏食物。严重呼吸困难时进行吸氧，发现过敏，迅速选用抗过敏药物进行治疗。

处方 1　0.1％盐酸肾上腺素注射液，0.1～0.5 毫升，静脉注射或肌内注射。

处方 2 10%葡萄糖注射液,50～100 毫升,地塞米松磷酸钠注射液 1 毫克/千克体重,维生素 C 0.25～1.0 克,静脉注射。

处方 3 扑尔敏注射液,0.5～2 毫升,肌内注射。

处方 4 10%葡萄糖,50～100 毫升,10%葡萄糖酸钙注射液 10～20 毫升,静脉注射。

处方 5 25%葡萄糖注射液,20～40 毫升,氨茶碱注射液 1～3 毫克/千克体重,静脉注射。

处方 6 阿托品注射液,0.2～0.5 毫克,皮下注射。

【用药分析】 ①轻微过敏可用地塞米松、苯海拉明、扑尔敏治疗,对于重度过敏危及生命时,可静脉输液肾上腺素,并配合应用其他抗过敏药物方可奏效。②临床上若担心首次用药时发生过敏现象,可在药物中添加适量激素类药物如地塞米松,即可预防过敏发生,同时也可提高消炎效果,但用量不宜过大,用药时间不宜过长。③过敏后气喘严重时,可选用高糖、维生素 C、葡萄糖酸钙输液,可有效防止肺水肿发生。

【要点总结】 ①动物临床上由于条件限制,许多药物无法皮试,过敏现象时有发生。因此,在宠物医院应设立告知牌,以减少医疗纠纷。②宠物医生应不断总结经验,对易发生过敏的药物在应用时加以预防。

十三、糖尿病

糖尿病是由于胰腺胰岛素相对或绝对缺乏,致使糖代谢发生紊乱的一种内分泌疾病。糖尿病是犬、猫的常见病,5 岁以上的肥胖犬易发,尤其以 8～9 岁老年犬最为常见。

【临床症状】 最典型的症状是多饮、多食、多尿和体重减轻。尿中带有烂苹果味(丙酮味),尿中含糖量增加。发生酮症酸中毒时,表现顽固性呕吐和黏液性腹泻,呼吸急促,脱水,最后陷入糖尿病性昏迷。有的肝肿大，有的伴有膀胱炎。多数出现白内障，角膜溃疡，视力减退，最终导致失明。

【诊断要点】

1. 临床症状 典型临床症状“三多一少”，即多食、多饮、多尿和体重减轻。

2. 血糖检查 犬、猫正常空腹血糖值为犬 3.61～6.55 毫摩/升；猫 3.89～6.11 毫摩/升。早晨空腹静脉采血检查则血糖值高于 8.4 毫摩/升即可确诊为糖尿病。

3. 尿糖检查 取犬、猫晨尿进行尿液分析，尿糖呈强阳性，且尿液中不含炎性细胞和红细胞即可确诊，尿比重高于正常值。

【治疗方案】

处置 降低血糖，纠正水、电解质和酸碱平衡，同时结合饲喂高蛋白饲料的食物疗法。

处方 1 鱼精蛋白锌胰岛素（长效胰岛素）注射液，犬 0.5～1 单位/千克体重；猫 3～5 单位/次，皮下注射，1 次/天，降低血糖。

处方 2 中性鱼精蛋白锌胰岛素（中效胰岛素）注射液，犬 0.5～1 单位/千克体重；猫 3～5 单位/次，皮下注射，1 次/天，降低血糖。

处方 3 结晶胰岛素（短效胰岛素）注射液，0.1 单位/千克体重，静脉注射或小剂量肌内注射，3 千克体重以下 1 单位，10 千克体重以下 2 单位。

处方 4 氯磺丙脲，2～5 毫克/千克体重，口服，1 次/天，降糖。

处方 5 苯乙双胍，20～30 毫克/天，分 1～2 次，口服，降糖。

处方 6 二甲双胍，0.2～1 克/天，分 2～3 次，口服，降糖。

处方 7 5%碳酸氢钠注射液，10～20 毫升静脉注射，缓解酸中毒。

处方 8 10%氯化钾 1～3 毫升静脉注射，防止低钾血症。

处方 9 林格氏液 100～200 毫升，5％葡萄糖 100～200 毫升，维生素 C 0.5～1 克静脉注射。

处方 10 吡诺克辛钠滴眼液，滴眼，有白内障时使用。

【用药分析】 ①治疗糖尿病的首选药物是胰岛素，在应用胰岛素治疗糖尿病时，需要根据宠物身体状况调节胰岛素的用量，一般剂量由小到大，直至清晨尿中不含糖为止。同时，还应防止使用胰岛素后低血糖症的发生，在使用胰岛素 3～7 小时可能出现低血糖，表现虚弱和疲倦等症状。应静脉注射 50％葡萄糖注射液 5～10 毫升。②糖尿病酮症酸中毒时宜选用短效胰岛素，它不仅有利于降糖，同时还可以抑制酮体的生成，促进酮体转化为碳酸氢根，从而起到消除酮血症，纠正酸中毒的作用。③多数患糖尿病宠物均存在缺钾情况，胰岛素能促进钾进入细胞，从而加重缺钾状态，因此在糖尿病治疗过程中应及时补钾。

【要点总结】 ①糖尿病在临床上易并发其他症状如酮血症、脂血症和脂肪肝等。②单纯尿糖阳性不能确诊为糖尿病。当尿路感染及出血性膀胱炎时都可出现尿糖阳性，但当尿路感染时，尿液分析中同时有炎性细胞出现；出血性膀胱炎尿中出现血凝块，尿液分析有红细胞出现。③糖尿病还应与尿崩症相区别，尿崩症限制饮水时尿量不减，糖摄入量过多引起的尿糖阳性，取第二天晨尿重复做 1 次尿液分析，尿糖为阴性。④糖尿病的治疗须持之以恒，护理非常重要。每天饲喂低碳水化合物，高蛋白低热能食物或处方粮，适当运动，预防并发症的发生。

十四、日射病和热射病

日射病是指宠物在炎热季节，头部受到日光直射，引起脑膜充血和脑实质急性病变，导致中枢神经系统功能严重障碍的现象。热射病是指在潮湿闷热的环境中，宠物体内积热过多引起严重中枢神经系统功能紊乱的现象。日射病和热射病在临床上统称为中暑。

【临床症状】 突然发病，体温急剧升高至41℃～42℃，呼吸急促，心跳加快，末梢静脉怒张。有的精神沉郁，站立不稳，卧地不起。有的神志紊乱，兴奋不安，狂躁。随着病情的急剧恶化，出现心力衰竭，脉搏快而弱，静脉淤血，黏膜发绀。伴发肺充血和肺水肿时，张口伸舌，呼吸浅表，口鼻喷出白沫或血沫。有的突然倒地，肌肉痉挛、抽搐、昏迷乃至死亡。

【诊断要点】

1. 病史 发病宠物曾在炎热日光直射或气温过高、闷热、通风不良，空气相对湿度大的环境下发病。

2. 临床症状 体温超过41℃以上，呼吸困难，流涎，黏膜发绀，有意识障碍，卧地不起。

【治疗方案】 降低体温和对症治疗。

处置 发现病情，迅速将患病宠物转移到阴凉通风处，用冷水冲洗身体，冰块敷头，促进散热。

处方1 生理盐水，500～1 000毫升，深部灌肠，降温。

处方2 氯丙嗪注射液，1～2毫克/千克体重，静脉注射或肌内注射，降温。

处方3 速尿注射液，4～5毫克/千克体重，肌内注射，降压。

处方4 西地兰注射液，0.2～0.4毫克/次，5%葡萄糖注射液20～40毫升，静脉缓慢推注，防止心力衰竭。

处方5 5%碳酸氢钠注射液，10～20毫升静脉注射，防止酸中毒。

处方6 纳洛酮，0.1毫克/千克体重，静脉注射或肌内注射，降温促醒，升高血压。

【用药分析】 ①降温是治疗本病的关键。降温的速度对患病宠物预后关系巨大，降温时采用物理降温和药物降温相结合。

②对症治疗也十分重要。心力衰竭时及时强心补液，有酸中毒时及时纠酸，呼吸窘迫，昏迷时有条件的进行吸氧，同时采用纳洛酮肌内注射或静脉注射，以解除呼吸抑制，使血压升高。纳洛酮用于治疗高热、超高热，血压偏低及神志不清的重症中暑，可使中暑宠物死亡率大幅度降低。

【要点总结】　①本病临床上易与中毒、肺水肿等病混淆。②炎热的夏季要防暑降温，保持环境阴凉通风，供应充足饮水等。

十五、猫脂肪肝综合征

猫脂肪肝综合征是由于猫的糖和脂肪代谢紊乱引起的大量脂肪蓄积于肝细胞而造成肝肿大的一类疾病。多发生于10岁以上的老龄猫。

【临床症状】　绝大多数脂肪肝患猫体态肥胖，皮下脂肪增厚，腹围较大。初期精神沉郁，嗜睡，全身无力，行动迟缓，食欲下降或突然废绝，体重减轻，脱水。体温偏高，尿液颜色发暗或变黄。发病后期可见黏膜、皮肤、内耳或齿龈黄染。肝明显肿大，按压无痛感。在少数情况下，有的病猫会出现肝性脑病。

【诊断要点】

1. 临床症状　机体肥胖，皮下脂肪增厚，肝肿大，消化不良，易疲劳。

2. 生化检查　碱性磷酸酶活性显著升高，丙氨酸氨基转移酶和天门冬氨酸氨基转移酶活性升高。

3. X线检查　可见肝脏形态正常或增大。

4. 超声检查　肝脏普遍性增大，肝实质回声显著增强，呈弥漫性点状，肝内回声强度随深度而递减，肝内血管壁减弱或显示不清。

【治疗方案】　营养支持疗法和治疗并发症。

处方1　复合维生素B，0.2～0.5毫升/千克体重，肌内注射。

处方 2　5%糖盐水，100～200 毫升加 ATP、CoA、维生素 C、维生素 B_6 静脉注射，重症不能进食时用。

处方 3　氨苄西林，0.1 克/千克体重，肌内注射。

【用药分析】　①由于猫不耐应激，因此应避免对猫的刺激。②在猫绝食情况下，为恢复肝脂肪代谢，食物可通过鼻饲管投服，避免强行口服。③有些患猫血液中乳酸含量高，静脉输液时应避免使用乳酸林格氏液；右旋糖酐可增加肝脏中三酰甘油的积聚和利尿作用，应避免使用。

【要点总结】　①肥胖是本病的常见原因，但减肥时过度限制饮食，会诱发本病发生。②胆小、过分依赖某个主人及挑食、偏食的猫在出现各种应激情况时更容易影响食欲，发生本病。③健康的体重，良好的饮食习惯和好的性格可以减少本病的发生。

十六、异嗜癖

异嗜癖是指犬、猫经常吞食食物以外的一些异物的病态表现，是犬、猫常发生的一种营养代谢病。

【临床症状】　喜舐食泥土、木头、煤渣、粪便等异物。由于吞食异物的性状不同和在消化道内滞留的部位不同表现不同的症状。常造成消化不良，便秘和腹泻交替发生，粪便中常有未消化的异物排出。有的可造成食管、胃、肠梗阻，进而继发肠套叠，出现严重呕吐。

【诊断要点】　经常啃食泥土、石块、木屑、粪便等异物；常发生便秘或腹泻，粪便中常有异物排出；患病宠物营养一般，被毛粗乱，逐渐消瘦，体温一般正常或偏低。

【治疗方案】

处置 1　加强饲养管理，调整食物的营养结构。调整日粮结构，改喂全价犬、猫粮。对于生长期的幼龄犬、猫，根据情况额外补充微量元素和多种维生素。中、大型幼龄犬适量补充钙剂，以满足骨骼生长发育需要。

处置 2　对于胰腺炎、慢性消化道疾病引起的应进行适当的病因治疗，以改善消化功能。肠道寄生虫引起的应用驱虫药物，口服左旋咪唑 10 毫克/千克体重，或伊维菌素 0.2 毫克/千克体重肌内注射，1 周后重复 1 次。

处置 3　对已经吞食异物的犬、猫，可通过催吐和缓泻的方法，促进异物排出，对于无法排出的应及时进行手术取出。

【要点总结】　①异嗜癖是由于代谢功能紊乱，味觉异常和饲养管理不当引起的一种复杂的多种疾病的综合征。②主人应对宠物异嗜及时制止，改变饲养方法和生活环境，有助于纠正异嗜的恶习。

十七、急性肝炎

急性肝炎是肝实质细胞的急性炎症。临床上以黄疸、急性消化不良和神经症状为特征。引起急性肝炎的原因主要有传染因素，中毒因素和其他因素等。

【临床症状】　精神不振，消瘦，全身无力，初期食欲不振，以后食欲废绝。体温正常或略有升高，眼结膜黄染，粪便呈灰白绿色，恶臭不成形。肝区触诊有疼痛反应，腹壁紧张，在肋骨后缘可感知肝肿大，叩诊肝浊音区扩大。病情严重时，表现肌肉震颤，痉挛，肌肉无力，感觉迟钝，昏睡甚至昏迷。肝细胞弥漫性损害时，有出血倾向，血液凝固时间明显延长。

【诊断要点】

1. 临床症状　可视黏膜出现不同程度的黄染，肝肿大，肝区按压疼痛明显，叩诊肝浊音区扩大。

2. 生化检查　谷丙转氨酶、谷草转氨酶，碱性磷酸酶等酶的活性升高。

【治疗方案】 除去病因，护肝解毒，对症治疗。

处方 1 肝泰乐注射液，100～200 毫克/次，肌内注射或静脉注射，护肝解毒。

处方 2 促肝细胞生成素，5～20 毫克/次，注射用水 2 毫升，皮下注射或 10～20 毫克/次，5%葡萄糖注射液 100 毫升，静脉注射，1 次/天。

处方 3 10%葡萄糖注射液，100～200 毫升，ATP、CoA、维生素 C、肌苷静脉注射。

处方 4 复方氨基酸注射液，100～200 毫升，静脉注射，有神经症状时禁用。

处方 5 茵栀黄注射液，1～2 毫升/千克体重，静脉注射，用于黄疸严重时。

处方 6 5%葡萄糖注射液，100～200 毫升，甘利欣注射液5～10 毫升，维生素 C 0.25～0.5 克，静脉注射，转氨酶升高时选用。

处方 7 氨苄西林钠，0.1 克/千克体重或头孢噻肟 0.1 克/千克体重，肌内注射或静脉注射。

处方 8 清开灵注射液，0.5～1 毫升/千克体重，静脉注射。

处方 9 复合维生素 B 片，1～2 片/次，肌内注射。

【用药分析】 ①如由病毒引起的，可使用抗病毒药物、高免血清等；由细菌引起的选用相应的抗生素；由寄生虫引起的，选用抗寄生虫药物；由中毒引起的应及时解毒。②对于肝炎的治疗，多采用保肝解毒，消炎退黄和支持疗法等。一般急性病例症状不很严重的情况下，如能积极用药，配合适当的护理，可取得较好的疗效。③治疗过程中应注意所用药物对肝脏的影响。

【要点总结】 ①由于检测设备的限制，一般基层宠物医院无血液和生化检测仪器，急性肝炎常易造成误诊或延误治疗时间，使急性病例转为慢性病例，多造成预后不良。②给予碳水化合物为主食物，避免饲喂脂肪含量高的食物。给予富含蛋白质和多种维生素的食物。保持环境安静。

十八、肝性脑病

肝性脑病是由于严重的肝脏疾病引起的大脑功能紊乱及其对各种异常代谢产物和有毒物质敏感性增高为特征的综合征。多因先天性门静脉异常、尿素循环酶缺乏、进行性肝脏疾病或急性肝损伤等所致。此外，摄取大量蛋白质、胃肠道出血、碱中毒、低钾血症、尿毒症、感染、脱水、投予利尿药及镇静药等，都可成为本病的诱因。

【临床症状】　精神沉郁，不愿活动或盲目转圈，运动失调；有的呈现癫痫样发作或狂躁、震颤。有的表现定向障碍，凝视、失明、昏迷不醒。呕吐，流涎，多尿，腹围增大，往往出现周期性神经症状。对镇静药和麻醉药的耐受性降低。

【诊断要点】

1. 临床症状　精神错乱，狂躁，昏睡或昏迷。

2. 生化检查　血清谷氨酸转移酶和碱性磷酸酶活性升高，血清总蛋白、血清尿素氮降低。

3. X 线检查　肝萎缩或轮廓不清，有腹水，肾肿大或泌尿系结石。

【治疗方案】

1. 抗癫痫

处方 1　溴化钾片，20～40 毫克/千克体重，口服，1 次/天或分 2 次服用。

处方 2　扑米酮片，55 毫克/千克体重，口服，1 次/天。

2. 抗　菌

处方 1　阿米卡星注射液，5～15 毫克/千克体重，肌内或皮下注射,1～2 次/天。

处方 2　6%～8%硫酸镁溶液,口服,10～20 克/次,以排出肠道毒物。

处方 3　生理盐水,100～200 毫升/次,以防止碱中毒。

【用药分析】　①饲喂高热能,低蛋白,低脂肪食物,以减少氨的产生和减轻肝脏负担。②服用广谱抗生素以减少肠道氨的产生。③适当补液,调整水、电解质平衡和酸碱平衡。

【要点总结】　①及时治疗原发病有助于防止肝性脑病的发生。②喂以肝处方食品有助于本病的恢复。

十九、脑　炎

脑炎是由感染引起的脑实质的炎症。根据病灶的性质可分为化脓性脑炎和非化脓性脑炎两种,其中以非化脓性脑炎在临床中较为多见。本病多见于对神经系统有亲和力的嗜神经性病毒病,如狂犬病、伪狂犬病、犬瘟热等;也可由某些细菌感染,如钩端螺旋体、李氏杆菌等;某些有毒化学物质中毒,如铅中毒;某些寄生虫移行至脑组织和创伤均可引发。

【临床症状】　病前无明显预兆或仅见食欲稍减,初期兴奋不安,发热至 40℃左右,眼球震颤,咬肌痉挛,无目的地奔跑,冲撞,转圈,对外界刺激反应迟钝,以后出现角弓反张等神经症状。当炎症病灶延续到脊髓时,出现四肢强直性瘫痪或偏瘫,感觉丧失,大小便失禁。

【诊断要点】

1. 病史　与平时比较,病犬有异常举动和表现。

2. 临床症状　体温升高,狂躁兴奋,无目的地奔走,惊厥、抽搐、磨牙、嘶叫、共济失调。

【治疗方案】　降低颅内压,抗菌消炎,对症治疗。

处方 1 20%甘露醇,10～20 毫升/千克体重,静脉注射,2～3 次/天。

处方 2 速尿注射液,2～4 毫克/千克体重,肌内注射或静脉注射,1 次/天。

处方 3 头孢噻肟钠,0.1 克/千克体重,肌内注射或静脉注射,2 次/天。

处方 4 氨苄西林,0.1 克/千克体重,肌内注射或静脉注射,2 次/天。

处方 5 磺胺嘧啶钠注射液,0.05 克/千克体重,肌内注射,2 次/天。

处方 6 氯丙嗪注射液,1～2 毫克/千克体重,肌内注射或静脉注射。

处方 7 苯巴比妥钠片,2～5 毫克/千克体重,口服,3 次/天。

处方 8 10%葡萄糖注射液、ATP、CoA、维生素 C、细胞色素 C 静脉注射。

【用药分析】 ①磺胺嘧啶钠对细菌引起的脑炎有一定作用,长期应用时应注意碱化尿液。②青霉素类药物在脑膜受损,血脑屏障功能降低时也有一部分药物进入脑组织治疗脑炎。③脑炎过程中,若神经症状明显时,可适当应用镇静药。

【要点总结】 ①对脑炎病犬应加强护理,保持安静。②脑炎有可能无法治愈而终身存在。

二十、癫 痫

癫痫是由于大脑皮质功能障碍引起的中枢神经系统的一种慢性疾病。表现为运动、感觉、意识行为障碍。癫痫分为原发性和继发性两种。犬发病率比猫高,且多为继发性。

【临床症状】

1. 大发作 最常见的一种类型。癫痫的大发作可分为3个阶段,即先兆期、发作期和发作后期。

(1)先兆期 表现不安、烦躁、点头或摇头、身藏暗处等。持续数秒钟或数分钟。

(2)发作期 意识丧失,突然倒地,角弓反张,肌肉强直性痉挛,继之出现阵发性痉挛,四肢呈游泳样运动,常见咀嚼运动。瞳孔散大,流涎,大小便失禁,牙关紧咬,呼吸暂停,口吐白沫,一般持续数分钟或数秒钟。

(3)发作后期 知觉恢复,表现不同程度的视觉障碍,共济失调、意识模糊、疲劳等,此期持续数秒钟或数天。癫痫发作的间隔时间长短不一,有的1天发作多次,有的数天,数月或更长时间发作1次。在间隔期一般无异常表现。

2. 小发作 只发生短时间的晕厥或轻微的行为改变。

3. 局限性发作 肌肉痉挛仅限于身体的某一部分,如面部。

【诊断要点】 突然发病、不安、惊叫、倒地、四肢抽搐,几十秒、几分至十几分钟不等,症状消失而恢复常态,稍显疲惫,过一段时间又复发;癫痫发作具有突然性,暂时性和反复性。

【治疗方案】 镇静、抗癫痫、消除原发病。

处方1 扑癫酮注射液,犬20～40毫克/千克体重,分2～3次皮下注射;猫0.125毫克/千克体重,分2次皮下注射。

处方2 安定片,犬2.5～10毫克,口服,2～3次/天,癫痫发作时静脉注射,1次无效可重复注射;猫2～5毫克,口服或肌内注射。

处方3 苯巴比妥钠,犬2～6毫克/千克体重口服或肌内注射,2～3次/天;猫2～3毫克/千克体重口服,4次/天。

处方4 苯妥英钠,犬2～6毫克/千克体重口服或肌内注射,2～3次/天;猫0.1～1毫克/千克体重,口服,2次/天。

处方 5 溴化钾片,犬 20～40 毫克/千克体重,口服,1 次/天。

处方 6 对于继发性癫痫,在对症治疗的同时,要积极治疗原发病,清除病因,方能取得较好的治疗效果。

【用药分析】 ①大多数抗癫痫药物只能暂时控制发作,不能根治癫痫。②抗癫痫药物具有一定的不良反应,用量不宜过大,疗程不宜过长。因此,小剂量能控制发作时,尽量不要加大剂量。

【要点总结】 ①在积极治疗原发病的同时,加强护理也非常重要。②癫痫有可能无法治愈而终身存在。

二十一、犬多发性神经炎

犬多发性神经炎是运动神经根及其周围神经的一种急性自身免疫性的疾病。多因病毒或细菌侵害周围神经系统而引起。营养缺乏(B 族维生素缺乏,特别是维生素 B_1 缺乏),代谢障碍(糖尿病、尿毒症等),某些中毒(呋喃类、有机磷和重金属中毒)以及炎症(脑炎或血管炎等)等,均可引起多发性神经炎。任何品种的犬都可能发生,多发于 6～9 月龄的犬,尤以夏秋季节多发。猫一般少见。

【临床症状】 初期食欲正常,体温 39.5℃,以后出现后肢软弱无力,站立不稳,走路摇晃。有的出现肌肉抽搐发抖,甚至全身抽搐,以后两后肢瘫痪,刺激反应迟钝,驱赶时两后肢拖行,并发展到两前肢也瘫痪,出现肌肉萎缩,有的病犬自始至终都有食欲。如治疗不及时,可导致死亡。

【诊断要点】

1. 病史 发病前有感染、中毒或营养代谢性疾病。

2. 临床症状 对称性肢体弛缓性瘫痪,末梢感觉障碍。

【治疗方案】

处方 1 氨苄西林,0.1 克/千克体重,肌内注射或静脉注射,2

次/天。

处方 2　地塞米松磷酸钠注射液，1～2 毫克/千克体重，肌内注射，连用 4～5 天。

处方 3　维生素 B_1 注射液，0.2 毫升/千克体重，维生素 B_{12} 注射液 0.1 毫升/千克体重，肌内注射，1 次/天，连用 5～7 天。

处方 4　地巴唑片，5～10 毫克，口服，2 次/天。

处方 5　新斯的明注射液，0.05～0.1 毫克/千克体重，皮下注射。

处方 6　加兰他敏注射液，0.1 毫升/千克体重，肌内注射。

处方 7　10％葡萄糖注射液 100 毫升，维生素 C 0.5 克，维生素 B_6 2 毫升，10％氯化钾注射液 1～2 毫升，静脉注射。

【用药分析】　①免疫球蛋白对该病有一定作用。②对于瘫痪病犬要经常对其按摩，防止肌肉萎缩。③治疗过程中，喂以易消化食物，对于因瘫痪而发生便秘的病犬，可施灌肠疗法，防止粪便在肠道内停留时间过长，加重感染。④穴位封闭用药对于后肢无知觉的病犬疗效显著，可用氨苄青霉素、普鲁卡因、地塞米松磷酸钠注射液混合后行百会、环跳、阳关、命门、悬枢等穴封闭。⑤葡萄糖酸钙和氯化钾在维持神经肌肉正常功能方面有积极作用。

【要点总结】　①注意预防褥疮的发生，对于长期瘫痪犬要经常给其翻身。②加强管理，防止剧烈运动和攀爬楼梯，可有效防止该病发生。

二十二、尿 道 炎

尿道炎是尿道黏膜的炎症，多因损伤、外界细菌侵入、邻近组织器官的炎症蔓延所致。

【临床症状】　病犬、猫频频排尿，排尿时表现痛苦不安，尿液呈线状断续排出。由于尿中混有炎性分泌物，所以尿液浑浊，严重者混有脓汁和血液，有时排出脱落的黏膜。

【诊断要点】

1. 临床症状　排尿困难，导尿管插入疼痛、尿液浑浊。

2. 镜检　取尿道分泌物镜检有脱落尿道上皮细胞、细菌、白细胞等。

3. 鉴别诊断　尿道炎和膀胱炎的区别：尿道炎时膀胱内存有大量尿液，尿液胀满，但由于尿道炎性肿胀压迫无法排出；膀胱炎时由于疼痛膀胱内始终无尿，尿液产生后就立即排出。

【治疗方案】

处方 1　0.1%雷佛奴尔或 0.1%洗必泰溶液，冲洗尿道。

处方 2　呋喃妥因片，5～10 毫克/千克体重，口服，2 次/天。

处方 3　吡哌酸片，30 毫克/千克体重，口服，2 次/天。

处方 4　氨苄西林，30 毫克/千克体重，地塞米松磷酸钠注射液 0.2 毫克/千克体重，混合肌内注射，2 次/天。

处方 5　酚磺乙胺(止血敏)注射液，5～15 毫克/千克体重，肌内注射，2 次/天。

处方 6　乌洛托品注射液，0.5～2 克/次，口服或静脉注射。

处方 7　拜有利注射液，5～15 毫克/千克体重，皮下注射，1 次/天。

处方 8　速尿注射液，2～6 毫克/千克体重，肌内注射，1 次/天。

【要点总结】　①有尿血的犬，可给予止血药，若因尿结石、膀胱结石引起的，可进行手术治疗；其他邻近组织器官炎症继发的，应考虑原发病的治疗。②根据尿液情况简单判断尿道炎、膀胱炎、肾炎：排尿时若先血后尿为尿道炎；先尿后血为膀胱炎；尿液呈红色浑浊排出为肾炎。虽然该方法有时诊断不够准确，但在缺乏检验仪器情况下不失为实用的诊断方法。

二十三、膀 胱 炎

膀胱炎是指膀胱黏膜及黏膜下层的炎症。多因损伤、邻近组织器官的炎症蔓延所致。

【临床症状】 急性膀胱炎可见排尿频繁、疼痛不安、病犬频频有排尿姿势，但每次只有少量几滴尿或无尿排出。当出现膀胱黏膜过度扩张时，可导致黏膜损伤出血，此时排出的尿液呈淡红色。若炎症侵害黏膜下层时，临床可见有体温升高、精神沉郁、食欲减退等症状。

【诊断要点】

1. 临床症状 膀胱触诊抗拒检查。

2. 镜检 尿液中细菌检查，尿沉渣涂片检查可发现细菌、大量白细胞、红细胞、组织碎片等。

【治疗方案】 抑菌消炎、对症治疗。

处方 1 呋喃妥因片，5～10 毫克/千克体重，口服，2 次/天。

处方 2 吡哌酸片，30 毫克/千克体重，口服，2 次/天。

处方 3 氨苄西林，30 毫克/千克体重，地塞米松磷酸钠注射液 0.2 毫克/千克体重，混合肌内注射，2 次/天。

处方 4 酚磺乙胺注射液，5～15 毫克/千克体重，肌内注射，每天 2 次。

处方 5 乌洛托品，0.5～2 克/次，口服或静脉注射。

处方 6 拜有利注射液，5～15 毫克/千克体重，皮下注射，每天 1 次。

处方 7 速尿注射液，2～6 毫克/千克体重，肌内注射，每天 1 次。

【要点总结】 ①有尿血的犬，可给予止血药，若因尿结石、膀胱结石引起的，可进行手术疗法；其他邻近组织器官炎症继发的，应考虑原发病的治疗。②利尿可减少膀胱内异物和细菌对膀胱黏膜的刺激。

二十四、肾　炎

肾炎通常是指肾小球、肾小管或肾间质组织发生炎症性病理变化的统称。感染和中毒是本病的主要原因。

【临床症状】 临床上按病程可分为急性和慢性两种。

1. 急性肾炎 精神沉郁，体温升高，厌食，有时发生呕吐，腹泻。肾区敏感，肾肿大，触诊疼痛。不愿活动，站立时背腰拱起，后肢集拢于腹下。频频排尿，但每次尿量少，甚至无尿。尿色较暗而浑浊，有时呈粉红色，内含蛋白质和沉渣。随着病程延长，由于血液循环障碍和全身静脉淤血，可见眼睑，胸、腹下水肿。当发展为尿毒症时，则出现呼吸困难，衰竭无力，肌肉痉挛，昏睡，体温降低，呼出气体有尿臭味。

2. 慢性肾炎 发展缓慢，食欲不振，消瘦，被毛无光泽，皮肤失去弹性，体温正常或偏低，可视黏膜苍白。有的出现明显的水肿，高血压，血尿或尿毒症。初期多尿，后期尿少，发展为尿毒症时出现意识丧失，肌肉痉挛，昏睡。

【诊断要点】

1. 临床症状 肾区敏感，触诊疼痛，肾肿大，排尿不正常，眼睑，胸、腹下发生水肿。

2. 尿液检查 尿比重增高，尿蛋白含量增多，尿沉渣中可见有透明管型，肾上皮细胞及散在红、白细胞。

3. 血液学检查 血沉加快，白细胞轻度减少，血清白蛋白降低，血清胆固醇增多，非蛋白氮升高。

4. 肾功能检查 肌酐、尿素值均显著降低。

【治疗方案】 消炎、利尿，抑制免疫反应和对症治疗相结合。

1. 消　炎

处方 1　氨苄西林,0.1 克/千克体重,肌内注射或静脉注射,2 次/天。

处方 2　恩诺沙星注射液,5 毫克/千克体重,皮下注射,2 次/天。

处方 3　头孢拉定,0.1 克/千克体重,肌内注射或静脉注射,2 次/天。

处方 4　庆大霉素注射液,1 万～2 万单位/千克体重,肌内注射,2 次/天。

2. 利　尿

处方 1　双氢克尿塞片,2～5 毫克/千克体重,口服,2 次/天,水肿或少尿时用。

处方 2　速尿注射液,4～5 毫克/千克体重,肌内注射或静脉注射,2 次/天。

处方 3　20%甘露醇注射液,10～20 毫升/千克体重,静脉注射,1 次/天。

3. 抑制免疫反应

处方 1　地塞米松磷酸钠注射液,2～10 毫升/次,肌内注射或静脉注射,1 次/天。

处方 2　醋酸泼尼松注射液,0.5 毫克/千克体重,肌内注射,1 次/天。

处方 3　环磷酰胺,2.2 毫克/千克体重,口服 1 次/天,连用 4 天。

4. 对症治疗

处方 1　樟脑磺酸钠注射液,0.2 毫升/千克体重,肌内注射,心力衰竭时使用。

处方 2　生脉注射液,1～2 毫升、维生素 B_{12} 注射液 1～2 毫升、毒毛旋花子苷 K 0.2～0.5 毫升,肌内注射,心力衰竭时用。

处方 3　黄芪注射液,0.1 克/千克体重,静脉注射。

处方4 10%葡萄糖注射液，100毫升，10%葡萄糖酸钙注射液10～20毫升，静脉注射，1次/天，预防高血钾。

处方5 5%碳酸氢钠注射液，10～20毫升，静脉注射，1次/天，发生尿毒症时以碱化尿液。

处方6 700代血浆，20～50毫升，1次/天，连用3天，用于严重低蛋白血症。

处方7 复方氨基酸，50～100毫升，静脉注射，用于低蛋白血症。

处方8 林格氏液，100～150毫升，5%葡萄糖注射液20毫升，ATP、CoA、维生素C、静脉注射，1次/天，少尿期使用，直至排尿为止。

【要点总结】 ①将生病宠物置于清洁、温暖，通风良好的地方，病初1～2天应给予无盐、高糖、低蛋白食物。有水肿时需限制饮水。②尽量选择肾毒性小的药物治疗该病。

二十五、肾功能衰竭

肾功能衰竭是指各种因素造成的肾实质急性损害，是一种危重的急性综合征。临床上按病程可分为急性和慢性两种。

【临床症状】 根据症状可分为少尿期、多尿期和恢复期。

1. 少尿期 患病的初期，患病宠物在原发病（如出血、溶血反应、烧伤、休克等）的基础上，排尿量明显减少，甚至无尿。由于水、盐、氮质代谢产物的潴留，表现水肿、心力衰竭、高血压、高钾血症、低钠血症、酸中毒和尿毒症等，并易发生继发或并发感染。

2. 多尿期 患病宠物经过少尿期后尿量开始增多而进入多尿期，表现为排尿次数和排尿量增多，此时，水肿开始消退，血压逐渐下降。同时，因水、钾、钠丧失，表现四肢无力，瘫痪，心律失常，甚至休克，重者可猝死。患病宠物一般死于此期，故又称危险期。

3. 恢复期 患病宠物排尿量逐渐恢复正常，各种症状逐渐减轻或消除。但由于机体蛋白质消耗量大，体力消耗严重，仍表现四肢无力、肌肉萎缩、消瘦等。若肾小球功能迟迟不能恢复，可转为慢性肾功能衰竭。

【诊断要点】

1. 尿液检查 少尿期的尿量少而比重偏低，尿呈酸性，尿钠浓度高，尿中发现红细胞、白细胞、各种管型和蛋白质。多尿期尿量增多，尿比重仍然偏低，白细胞增多，红细胞及各种管型消退。

2. 血液检查 白细胞总数及中性白细胞升高，血红蛋白降低，血液肌酸酐、尿素氮、尿酸、磷酸盐、钾含量升高；血清钠、氮、二氧化碳结合力降低。

3. 补液试验 给少尿期的病犬、猫补液500毫升后，再静脉注射速尿1～2毫克/千克体重，若仍无尿或尿比重低者，可认为是急性肾功能衰竭。

【治疗方案】 治疗原发病，防止脱水休克，纠正高血钾和酸中毒，缓解氮质血症。

处置　治疗原发病。有创伤、烧伤和感染时，采用抗生素（氨苄青霉素或头孢菌素等）控制感染。脱水或出血性休克时，静脉补液生理盐水30～50毫升/千克体重，或输全血10～20毫升/千克体重或代血浆，地塞米松磷酸钠注射液0.5～1毫克/千克体重。若为中毒，应中断毒源，及早使用解毒药。尿路阻塞症时，应尽快排尿，必要时采用手术方法消除阻塞，并适当补液。少尿期及时利尿，多尿期适当补钾，恢复期补充营养物质，促进康复。

处方1　速尿注射液，2～5毫克/千克体重，静脉注射，每8小时1次。用于少尿期。

处方2　生理盐水或乳酸林格氏液，10～20毫升/千克体重，静脉注射。用于高钾血症。

处方3　25%～50%葡萄糖注射液1～3毫升/千克体重，

20%甘露醇注射液10～20毫升/千克体重，静脉注射。用于高氮质血症。

处方4　5%碳酸氢钠注射液，1～2毫升/千克体重，静脉注射。用于酸中毒。

处方5　10%氯化钾注射液1～3毫升，5%葡萄糖50～100毫升，静脉注射，用于多尿期治疗。

处方6　生理盐水340毫升，5%碳酸氢钠注射液25毫升，10%氯化钾注射液1毫升，15%葡萄糖注射液134毫升混合，按腹腔注射法注入腹腔，经过30～60分钟，行腹腔穿刺放出透析液。

【要点总结】　①治疗前应告知宠物主人病情危重，可能在治疗过程中发生死亡。②透析疗法可暂时缓解病情。③肾衰竭病犬护理尤为重要。

二十六、腹膜炎

腹膜炎是指因各种致病因素的作用而引起的腹膜炎症，临床上以腹部剧烈疼痛和腹腔炎性渗出物为特征。

【临床症状】

1. 急性腹膜炎　精神高度沉郁，腹痛，呈弓背姿势。体温升高，呼吸急促，呈明显的胸式呼吸，反射性呕吐，排粪迟缓；腹水时，下腹部两侧对称性膨大，按压疼痛明显。

2. 慢性腹膜炎　体温正常或轻度升高，由于肠管常发生粘连而使肠蠕动减弱，进而表现消化不良和疼痛，有时伴有腹水和水肿。

【诊断要点】

1. 临床症状　腹部疼痛，低头望腹，拱背蜷缩，呈胸式呼吸；腹腔下腹部两侧对称性膨大，触诊腹壁紧张，疼痛明显。叩诊呈水平浊音，浊音区上方呈鼓音。

2. 血常规检查 白细胞明显增多，红细胞和血红蛋白明显减少。腹水中出现中性粒细胞和巨噬细胞。

【治疗方案】 治疗原发病，抗菌消炎，抑制渗出。

处方 1 对创伤所致的内脏穿孔、粘连、破裂等引起的腹膜炎，及时进行手术治疗。

处方 2 腹水多时，立即进行腹腔穿刺放液，放液后腹腔内注入青霉素 80 万～160 万单位。

处方 3 生理盐水 100～200 毫升，头孢拉定 0.1 克/千克体重，静脉注射。

处方 4 生理盐水 100～200 毫升，头孢曲松钠 0.1 克/千克体重，静脉注射。

处方 5 盐酸左氧氟沙星氯化钠注射液，5～10 毫升/千克体重，静脉注射。

处方 6 甲硝唑注射液，5～10 毫克/千克体重，静脉注射。

处方 7 安痛定注射液 2～4 毫升肌内注射或盐酸阿扑吗啡注射液 0.5～1 毫克/千克体重，肌内注射，用于止痛。

处方 8 10%葡萄糖注射液 100 毫升，10%葡萄糖酸钙注射液 10～20 毫升，静脉注射，用于抑制渗出。

处方 9 5%葡萄糖注射液 100～200 毫升，ATP，CoA，维生素 C 静脉注射。

处方 10 山莨菪碱，5～10 毫克，肌内注射，1 次/天，用于改善微循环。

【用药分析】 ①对于严重腹膜炎，保守疗法无效时，可实施手术疗法。②联合使用消炎药如头孢和甲硝唑等可提高疗效，同时应抑制炎性渗出液的继续渗出，可用葡萄糖酸钙和维生素 C 等。

【要点总结】 ①腹膜炎病程较长时，可引发败血症而死亡。②护理期间尽量减少喂食和运动，避免腹痛加剧。

二十七、腹水症

腹水症也称腹腔积液，是指腹腔内液体呈非生理性潴留的状态，是一种慢性疾病。

【临床症状】 精神不振，行动迟缓，四肢无力，病程长的呈渐进性消瘦，黏膜苍白或发绀，呼吸困难，脉搏快而弱。腹部下垂呈对称性臌胀，随着体位的改变，体形也随之改变。触诊不敏感，叩诊腹壁可听见拍水音，并有波动感。

【诊断要点】

1. 病史 病程缓慢，数周乃至数月不等。

2. 临床症状 腹围增大，下腹部两侧对称性膨大；若腹水充满时则腹壁紧张呈桶状；腹壁触诊不敏感。

3. 鉴别诊断 腹水穿刺液多为漏出液，漏出液主要与心丝虫、肝硬化、肾病综合征有关；渗出液主要与腹膜炎有关。

【治疗方案】 积极治疗引起腹水的原发病，并采取对症疗法。

处置 由低蛋白血症引起的腹水以增加富含蛋白质的全价日粮，静脉注射白蛋白，氨基酸，口服健胃药为主。肝脏疾病和心脏肾等引起的腹水采用保肝利胆，强心补肾的药物进行综合治疗来抑制原发病。寄生虫（如心丝虫）引起的腹水选用适当的驱虫药物进行驱虫，腹水将逐渐消除。腹腔肿瘤引起的腹水通过手术疗法摘除后腹水多能治愈。

处方 1 有大量腹水时，可穿刺放液，穿刺部位可选择腹壁最低点，一次放液量不宜过大，以免引起虚脱，一般不超过 40 毫升/千克体重。

处方 2 犬用代血浆，2～5 毫克/千克体重，静脉注射，1 次/天，连用 3～5 天。

处方 3 低分子右旋糖酐，10～20 毫升/千克体重，静脉注射，提高血浆渗透压。

处方4 复方氨基酸，50～150毫升/次，以补充蛋白质，提高胶体渗透压。

处方5 犬血白蛋白，1～2毫升/千克体重，静脉注射，补充蛋白质，提高胶体渗透压。

处方6 10%葡萄糖注射液100毫升，ATP、CoA、维生素C、维生素B_6静脉注射。

处方7 20%甘露醇，10～20毫升/千克体重，静脉注射。

处方8 速尿注射液，5毫克/千克体重，肌内注射，1次/天。

处方9 螺内酯，20～100毫克，口服，1～2次/天。

处方10 5%葡萄糖注射液30～60毫升/千克体重，10%葡萄糖酸钙注射液5～20毫升，静脉注射，抑制渗出。

处方11 5%葡萄糖注射液30～60毫升/千克体重，10%氯化钾，静脉注射，防止低钾血症。

【用药分析】 ①有效循环血容量不足和肾血灌注量减少，常是引起腹水难治的原因。静脉输注犬用代血浆或低分子右旋糖酐可提高血浆的胶体渗透压，增加循环血容量，减少腹水的产生。②穿刺放水次数不宜过多，1～3次即可，放水量不宜过大。反复穿刺易给腹腔造成感染，腹水放量过多加重低蛋白血症，引起腹腔器官急性充血而导致脑缺血虚脱而危及生命。③放水和利尿后，应注意防止发生低钾血症。④每次输液量宜小，滴注速度宜慢。腹水严重时要尽量减少电解质溶液输入，以免降低血浆有效胶体渗透压，引起血浆渗出增加，使腹水增多，不利于患病宠物康复。

【要点总结】 ①加强饲养管理，喂予高蛋白，低钠的食物，限制饮水。②腹水的病因复杂，临床上若病情较重时，可一边对症治疗，一边查找病因。

二十八、犬白内障

犬白内障是指晶状体囊或晶状体发生混浊而使视力发生障碍的一种疾病。犬、猫均可感染。先天性白内障因晶状体及其囊膜先天发育不全所致，常与遗传有关。例如，小型雪纳瑞、贵宾犬、美国可卡犬常造成双侧性的病变导致失明，黄金猎犬、哈士奇及波士顿犬也常见这类疾病。后天性白内障常因前色素层炎，视网膜炎，青光眼，角膜穿孔，晶体前囊破裂，糖尿病，长期使用皮质类固醇类药物而发病。

【临床症状】　因白内障发病时间不同，其临床症状表现不一。

1. 未成熟期　晶状体及其囊膜发生轻度病变，呈局灶性混浊或逐步扩散，晶状体皮质吸收水分而膨胀，某些晶状体皮质仍有透明区，有眼底反射，视力不影响或仅受到某些影响，临床上难以发现，需用检眼镜或手电筒方能查出。

2. 成熟期　晶状体全部混浊，所有皮质肿胀，无清晰区可见。眼底反射消失，一眼或两眼瞳孔呈灰白色（白瞳症），视力减退，前房变浅，检眼镜检查看不见眼底，伴有前色素层炎。活动量减少，行走不稳，在熟悉环境内也碰撞物体。此期适宜进行白内障手术。

3. 过熟期　晶状体液体消失，晶体缩小，囊膜皱缩，皮质激化分解，晶状体核下沉。患眼失明，前房变深，晶状体前囊皱缩，可继发青光眼。严重的导致悬韧带断裂，晶状体不全脱位或全脱位。

【诊断要点】

1. 流行病学　8 岁以上犬多发，晶状体混浊，失去透明性，严重的晶状体皱缩变小，可发生自然脱位。

2. 临床症状　先天性白内障晶状体呈点状、带状、环状、星状部分混浊，病变多数不蔓延；外伤性白内障晶状体初期呈局限性，后期变为弥蔓性；瞳孔变为蓝白色或灰色，有珍珠样光泽，视力减退或消失。

【治疗方案】

处置1　药物治疗一般无效。如系核性白内障，可滴用散瞳药如1%阿托品溶液，每天1～2次点眼，以改善视力。对于糖尿病性白内障，在水分快速吸收期和晶状体蛋白变化之前控制血糖，会减轻晶体混浊，可试用吡诺克锌钠（白内停）点眼，3～4次/天，以延缓晶体全混浊。

处置2　白内障多采取择期手术疗法。临床上常用白内障囊外摘除术，晶状体乳化术和白内障切开吸出术等。其中白内障囊外摘除术是治疗犬、猫白内障最常用手术。因手术设备条件和技术难度等，目前国内宠物医院尚未普遍开展。

【要点总结】　①白内障是一种普遍的遗传性眼病，是眼睛内晶状体发生混浊，阻碍光线进入眼内。晶状体一旦混浊就不能被吸收，药物治疗仅能在一定程度上延缓混浊发展，但最终还是不能避免晶体全混浊。②本病多发于8岁或8岁以上的犬，年龄越大越容易发病。

二十九、青光眼

青光眼是由于眼房角阻塞，眼房水排出受阻等多种病因引起眼内压增高，进而损伤视网膜和视神经乳头的一种眼病。犬发病多于猫。

【临床症状】　本病可发生在一侧或双眼。眼球显著增大，突出，巩膜血管充血，视力减退。角膜病初透明，能够观察到瞳孔散大，以后角膜转为混浊。侧观虹膜和晶状体向前突出，前房变浅。晶状体前囊可出现灰白色点状，条状和斑点状混浊。

【诊断要点】　眼球增大，角膜水肿或混浊，瞳孔散大，外观带绿色。触诊眼球有明显坚实感；用检眼镜检查，可见视神经乳头萎缩和凹陷，中心部血管不清楚，边缘血管较易看见；使用压陷式眼压计测量眼内压超过4千帕以上，正常值在2～3.6千帕。

【治疗方案】 目前无特效疗法，主要是降低眼内压，抑制房水产生和维护视觉功能。

处方1　20%甘露醇注射液，10～20毫升/千克体重，静脉注射，1次/天，连用2～3天，迅速脱水，以降低眼内压。

处方2　50%甘油，2～3毫升/千克体重，口服，必要时8小时重复1次。迅速脱水，以降低眼内压。

处方3　二氯磺胺，10～30毫克/千克体重，或乙酰唑胺2～4毫克/千克体重，或甲酰唑胺2～4毫克/千克体重，任选一种口服，2～3次/天，以抑制房水产生和促进房水排泄。

处方4　1%～2%硝酸毛果芸香碱溶液，点眼，初期1～2小时1次，瞳孔缩小后减到每天3～4次，以扩大闭塞的房角和促进房水循环。

处方5　肌苷注射液2～4毫升，ATP 2～4毫升，肌内注射或静脉注射，1次/天，连用2周。抑制中心性视网膜炎，视神经萎缩。

处方6　手术治疗，用药48小时后不能降低眼压，可以考虑手术，以便房水得以排泄。常用有虹膜嵌顿术、睫状体分离术。如果视神经已经萎缩，血管膜已变性，视力丧失，可摘除眼球。急性应急措施有角膜穿刺排液和虹膜周边切除术。

【用药分析】 ①治疗初期，使用甘露醇和甘油，是将组织中水分吸收回血管，使血浆渗透压增高，导致组织脱水，从而达到降低颅、眼内压之功效。②治疗期间，禁用散瞳药物阿托品。

【要点总结】 本病预后不良，即使及时进行治疗，视力也会逐渐降低，甚至完全丧失。

三十、风湿性关节炎

风湿性关节炎是与溶血性链球菌感染有关的反复发作的急性或慢性非化脓性关节炎症。病变可累及全身结缔组织，主要侵害心脏、关节和血管等。

【临床症状】 患病关节外形粗大，触诊温热，疼痛，肿胀。行走时跛行，跛行可随运动量的增加而减轻或消失。急性病例可见关节滑膜充血，滑膜液分泌增多，呈淡黄色，浑浊。慢性病例关节滑膜及周围组织增生，肥厚，关节肿大，活动范围变小，运动时关节强拘。

【诊断要点】

1. 临床症状 关节肿胀，发热，疼痛，关节腔有积液，触诊有波动感；风湿性关节炎具有游走性(可以从一个肌群或关节游走至其他肌群和关节)、对称性(对称关节常同时发病)、反复性(跛行时轻时重，反复发作)。

2. 血常规检查 白细胞增多，嗜中性白细胞比例增加。

3. X线检查 骨密度下降。

【治疗方案】 解热镇痛，消除炎症，祛风除湿。

处方1 水杨酸钠片，0.2～0.3克/次，口服，1次/天。

处方2 阿司匹林片，0.2～0.5克/次，口服，2次/天。

处方3 保泰松片，8～10毫克/千克体重，口服，3次/天。

处方4 地塞米松磷酸钠注射液，1～5毫克/千克体重，肌内注射，1次/天。

处方5 醋酸泼尼松注射液，1～2毫克/千克体重，肌内注射，2次/天，连用2周。

处方6 强的松龙注射液，10～40毫克/千克体重，肌内注射，4～5天/次。

处方 7 氢化可的松注射液，10～20 毫克，关节腔内或肌腱内注射，每周 1 次。

处方 8 骨肽注射液，2 毫升/次，肌内注射，1 次/天，连用 15～20 天。

处方 9 氨苄西林，0.1 克/千克体重，静脉注射或肌内注射，2 次/天。

处方 10 头孢曲松钠，0.1 克/千克体重，静脉注射或肌内注射，2 次/天。

处方 11 维生素 B_1 注射液，0.2 毫升/千克体重，维生素 B_{12} 注射液 0.1 毫升/千克体重，地塞米松磷酸钠注射液 1 毫克/千克体重，当归注射液 0.2 毫升/千克体重混合均匀，前肢抢风、内关；后肢百会、环跳、阳陵穴位注入，1 次/天，连用 4～5 天。

处方 12 患部温敷（麸皮热醋温敷法）或红外线疗法，按摩患部等。

处方 13 追风透骨丸，3～6 克/次，2 次/天，连用 6～7 天。

【用药分析】 ①风湿性关节炎一旦发病其治疗效果往往不佳，有的病例治疗后仍会出现跛行和关节僵硬症状，且极易复发，寒冷、天气骤变等不良因素极易诱发，因此应以预防为主。②解热镇痛类药物和皮质激素类药物在治疗上具有较好的镇痛和消炎效果，但长期使用不良反应较大，因此临床上应严格控制剂量和用药周期。③温热疗法能够减缓局部关节疼痛。适当的按摩有助于缓解肌肉僵硬和减轻疼痛，在治疗时有一定的帮助。

【要点总结】 ①加强护理，寒冷和天气骤变时注意保温，将宠物安置在温暖通风的环境，并注意本病的复发性。②平时尽量减少在水泥等硬质地面上躺卧。

第五章　宠物外科疾病

一、脓　肿

任何组织或器官内形成外有脓肿膜包裹，内有脓汁蓄积而形成的局限性脓腔称为脓肿。脓肿多因局部损伤，感染各种细菌或静脉注射刺激性药物时误漏于血管外所致。多发生于面部、颈部、胸部及股内侧的皮下组织。

【临床症状】　患病初期局部红肿，温度增高，有痛感，稍硬，以后逐渐增大变软，有波动感。脓肿成熟时，皮肤变薄，局部被毛脱落，脓肿破溃，流出脓汁。深层脓肿常因脓肿破溃，流入邻近组织，引起全身症状。

【诊断要点】　患病初期有红、肿、热、痛症状，局部形成有硬感的分界线；随着时间的推移，肿胀部中央逐渐软化，出现明显波动。当化脓部皮肤死亡，脓汁可经破溃处流出，日久可形成瘘管。

【治疗方案】

处置 1　脓肿初期，采用鱼石脂软膏于脓肿局部涂布，脓肿周围采用普鲁卡因、青霉素进行肿胀四周封闭。

处置 2　脓肿成熟期，当脓肿有波动感时，应及时切开排脓。选择脓肿波动最明显处切开，至脓肿最低位置切开皮肤排脓。然后用 3%过氧化氢溶液冲洗脓腔，0.1%利凡诺纱布条引流或胶皮管进行引流。

处方 1　氨苄西林，0.1 克/千克体重，肌内注射或静脉注射，2 次/天，连用 5～7 天。

处方 2　头孢唑林钠，0.1 克/千克体重，肌内注射或静脉注射，2 次/天，连用 5～7 天。

处方 3　头孢呋辛钠，0.1 克/千克体重，肌内注射或静脉注射，2 次/天，连用 5～7 天。

处方 4　头孢曲松钠，0.1 克/千克体重，肌内注射或静脉注射，2 次/天，连用 5～7 天。

处方 5　维生素 C，0.05～0.1 克/千克体重，肌内注射，1 次/天，连用 3～4 天。

处方 6　地塞米松磷酸钠注射液，2～5 毫升/次，肌内注射，1 次/天，连用 2～3 天。

【用药分析】　①脓肿是犬、猫的一种常见病。早期以消炎、止痛和促进炎症消散为主。脓肿成熟后应及时切开排脓。切口应从波动最明显处开始，一直切到脓腔的最低位置，以便排脓通畅，切开时注意不要损伤到对侧的脓肿膜。②脓汁排尽后，切忌用力挤压脓肿壁，或用纱布擦拭脓肿腔里的肉芽组织，避免损伤脓肿腔内的肉芽性防卫面，使感染扩散。③深层脓肿切开时应避开血管、神经和腺体的输出管。④装置胶管引流时，引流管要装置于脓肿的最低位置，以便于排脓。

【要点总结】　①浅在的脓肿一般预后良好，深层的脓肿应及时治疗，以免引起败血症。②脓肿尚未成熟时，严禁切开脓肿。

二、创　伤

由于外来暴力和锐利物体伤害而致的伴有皮肤破口的开放性软组织损伤，统称为创伤。创伤多因尖锐物体损伤，打斗时咬伤、抓伤等引起。

【临床症状】　创伤按其发生的时间及经过可分为新鲜创、感染创和肉芽创 3 种。

1. 新鲜创 创伤发生的时间短，创内有血液流出和凝血块，伤口裂开，出血，疼痛，功能障碍。严重的可导致虚脱和休克，表现四肢厥冷，肌肉震颤等。

2. 感染创 伤口被细菌感染而引起明显的感染症状。局部肿胀化脓，疼痛，伤口流出脓汁，创内有大量坏死组织和异物。常因毒素引发全身性症状，如发热、寒战、食欲不振等。严重时引起败血症而危及生命。

3. 肉芽创 随着炎症和感染化脓逐渐消退，伤口可见粉红色新生肉芽组织，表面有灰白色黏稠的脓性分泌物。此时脓肿消退，疼痛减轻，趋向愈合。

【诊断要点】

1. 新鲜创 发生于 8～12 小时，皮肤、黏膜出现破口，出血，疼痛。但细菌已明显繁殖。

2. 化脓创 创周肿胀，充血，局部增温，从伤口流出渗出物或脓汁，创口有脓痂。

3. 肉芽创 创内出现粉红色肉芽组织。

【治疗方案】

1. 新鲜创预防感染

处方 1 5%碘酊或 0.1%新洁尔灭溶液，创围消毒。

处方 2 生理盐水、3%过氧化氢溶液或 0.1%雷佛奴尔溶液清洗创腔。

处方 3 安络血或止血敏肌内注射止血。

处方 4 消炎粉或抗生素粉创内消炎。

处方 5 红霉素软膏或百多邦软膏，创缘涂布。

处方 6 氨苄西林，0.1 克/千克体重，肌内注射或静脉注射，2 次/天，连用 4～5 天，预防感染。

2. 化脓创抑制炎症扩散

处方 1 3%过氧化氢溶液或 0.2%高锰酸钾溶液冲洗创腔，

清除脓汁，除去异物和坏死组织。

处方 2　0.1%利凡诺溶液，冲洗创腔，并用利凡诺湿纱布条填充引流。

处方 3　生理盐水、氨苄西林冲洗创腔，氨苄西林，氢化可的松浸湿的纱布条填充引流。

处方 4　氨苄西林，0.1 克/千克体重，肌内注射或静脉注射，2 次/天，连用 5～7 天。

处方 5　头孢唑林钠，0.1 克/千克体重，肌内注射或静脉注射，2 次/天，连用 5～7 天。

处方 6　头孢呋辛钠，0.1 克/千克体重，肌内注射或静脉注射，2 次/天，连用 5～7 天。

处方 7　头孢曲松钠，0.1 克/千克体重，肌内注射或静脉注射，2 次/天，连用 5～7 天。

处方 8　维生素 C，0.05～0.1 克/千克体重，肌内注射，1 次/天，连用 3～4 天。

处方 9　5%碳酸氢钠注射液，1～2 毫升/千克体重，静脉注射。

3. 肉芽创加速上皮新生

处方 1　生理盐水冲洗创腔。

处方 2　鱼肝油凡士林纱布覆盖，保护和促进肉芽生长。

处方 3　魏氏流膏创内涂抹。

处方 4　红霉素软膏或百多邦软膏涂抹创面。

【用药分析】　①对于新鲜创，及时止血和清创十分重要。止血多采用压迫止血、钳夹止血、填塞止血和结扎止血等多种方法。必要时肌内注射或静脉注射止血药物。清创时，除去严重污染和失去血液供应的坏死组织和损伤严重的组织，构建一个近似于新鲜的手术创，并进行缝合，术后预防感染。②化脓创重点清除创内坏死组织和异物，加速炎症净化，保证脓汁排出畅通。当创内有血液、炎性渗出物和脓汁时,必须引流。纱布引流适用于创液或脓汁较稀情况下,当创腔较大,且脓汁黏稠时宜使用胶管进行引流。③为加速创伤愈合或使创伤愈合瘢痕范围小,肉芽创可进行缝合或假缝合。

【要点总结】 ①创伤初期保持安静,防止舔咬伤口。②新鲜创严禁用过氧化氢溶液等腐蚀性较强的药物冲洗,以免影响伤口愈合。

三、烧　伤

烧伤是犬、猫接触某些热源或火源而造成机体损伤。多因失火、蒸汽、开水等引起。

【临床症状】 根据烧伤的深度,可将其分为3度。

1. Ⅰ度烧伤 只是皮肤表层受到损伤,伤部被毛烧焦,局部轻度红、肿、热、痛等症状,也叫红斑烧伤。一般7天左右自愈,不留瘢痕。

2. Ⅱ度烧伤 烧伤皮肤为表层及一部分真皮层或大部分真皮层。被毛烧光或烧焦,伤部血管通透性显著增加,血浆大量渗出,积聚在表皮层与真皮之间。局部出现水疱,红、肿、痛等。所以也叫水疱性烧伤。真皮损伤较浅7～20天可愈,不留瘢痕。真皮损伤较深一般20～30天可愈,痂皮脱落,遗留轻度瘢痕。

3. Ⅲ度烧伤 烧伤为皮肤全层或皮肤及皮下深层的组织,包括筋膜、肌肉和骨骼。此时组织蛋白质凝固,血管栓塞,形成焦痂,所以又叫焦痂性烧伤。局部表现干性坏死,伤面不痛,干硬,温度下降,经1～2周,烧伤的组织溃烂,脱落,露出红色创面。

【诊断要点】

1. Ⅰ度烧伤 伤处被毛烧焦,皮肤潮红,肿胀。

2. Ⅱ度烧伤 伤处被毛烧光,呈明显带痛性水肿,有的形成水疱，有的部位出现裂口，创面基底色红。

3. Ⅲ度烧伤　皮肤全层或深层组织损伤，形成焦痂，呈深褐色干性坏死状态，有时出现皱褶，疼痛不明显。

【治疗方案】

处置 1　烧伤处理

(1) Ⅰ度烧伤　立即用冰水冷敷损伤面，以减轻疼痛和损害，然后涂以碱性肥皂，不用包扎，3～5 天即可脱皮痊愈。

(2) Ⅱ度烧伤　创面周围剪毛，用 0.1%新洁尔灭溶液清洗创面，除去污物及坏死组织，再用生理盐水冲洗，灭菌脱脂棉擦干，涂上庆大霉素油膏或烧伤膏（京万红、紫草膏），然后绷带包扎，防止污染和舔咬。

(3) Ⅲ度烧伤　易形成焦痂，为了加速焦痂分离，每次换药将焦痂提起，涂以油类药物，使其软化脱落。焦痂去除后，清洗创面，擦干，涂以抗菌药物。烧伤面积过大时应植皮。

处置 2　药物治疗（轻中度烧伤）

处方 1　氨苄西林，0.1 克/千克体重，肌内注射或静脉注射，2 次/天，连用 5～7 天，用于污染不严重病例。

处方 2　头孢唑林钠，0.1 克/千克体重，肌内注射或静脉注射，2 次/天，连用 5～7 天，用于创面污染不严重病例。

处方 3　生理盐水 100～200 毫升，头孢噻呋钠 0.1 克/千克体重，肌内注射或静脉注射，2 次/天，连用 5～7 天，用于创面污染严重病例。

处方 4　生理盐水 100～200 毫升，头孢曲松钠 0.1 克/千克体重，肌内注射或静脉注射，2 次/天，连用 5～7 天，用于创面污染严重病例。

处方 5　盐酸左氧氟沙星，3～5 毫克/千克体重，静脉注射，1 次/天，用于创面污染严重病例。

处方 6　氯丙嗪注射液，1～2 毫克/千克体重，肌内注射，1

次/天，镇静止痛。

处置3　重度烧伤

处方1　血浆或全血，2～5毫升/千克体重，静脉注射。

处方2　生理盐水100毫升，5%碳酸氢钠注射液2毫升/千克体重，静脉注射。

处方3　5%葡萄糖注射液100毫升，头孢曲松钠0.1克/千克体重，静脉注射。

处方4　生理盐水100毫升，ATP、CoA、维生素C，静脉注射。

处方5　5%葡萄糖注射液100毫升，阿米卡星注射液0.2～0.4克，静脉注射。

处方6　复方氨基酸或20%脂肪乳，1克/千克体重，静脉注射。

【用药分析】　①烧伤创面上的水疱不要弄破，不要将表皮撕去，它们有保护伤处的作用。②在治疗烧伤的同时，应注意控制感染，特别是防止全身性败血症和并发肺部感染。③有复合伤时，应对大出血、开放性气胸、骨折等先进行适当的止血、固定处理。

【要点总结】　①限制运动，防止创面扩大加重病情。②加强饲养管理，给予易消化吸收、营养丰富的日粮，补充氨基酸、电解质、维生素，促进机体快速康复。

四、淋巴外渗

淋巴外渗是由于钝性外力作用于体表造成皮下结缔组织内的淋巴管破裂，致使淋巴液积聚在组织内而形成局限性、波动性肿胀。多发生于颌下、颈部、胸前、背部等淋巴管较丰富的部位。

【临床症状】　受伤后一般2～3天出现肿胀，并逐渐增大，形如椭圆袋状，有波动感，且界线明显，皮肤不紧张，炎症反应轻微，穿刺液为橙黄色稍透明的液体，或混有少量的血液。时间长时，析出纤维素块，如囊壁有结缔组织增生，则呈明显的坚实感。

【诊断要点】

1. 临床症状　局部界限明显的肿胀，柔软，波动感强。

2. 穿刺　穿刺液为淡黄色淋巴液，穿刺液与95%酒精福尔马林液混合产生絮状沉淀。

3. 镜检　涂片检查含有大量的淋巴细胞。

4. 鉴别诊断　本病易与肿瘤、血肿、脓肿、黏液囊炎等相混淆，肿瘤一般质地较硬，没有穿刺液，血肿抽出液为血液，脓肿穿刺液为脓汁，黏液囊炎时为渗出液。

【治疗方案】

处置1　对于较小的淋巴外渗，在波动明显部位用注射器抽出淋巴液，然后注入95%酒精福尔马林液（95%酒精99毫升，福尔马林1毫升，碘酊数滴混合配用），停留片刻后，将其抽出，应用1次无效时，第二天可行第二次注入，连用3次即可抑制渗出。

处置2　对于较大的淋巴外渗，可切开排出淋巴液及纤维素块，再用95%酒精福尔马林液冲洗，然后将浸有酒精福尔马林液的纱布填塞于腔内做假缝合，每天更换1次新的填充纱布，直至淋巴液外渗停止。当淋巴管完全阻塞时，用消炎药冲洗创腔，去除坏死组织及碎片，再用浸有0.1%利凡诺纱布条填充消炎，每天1次，当腔内长出肉芽时，进行缝合。

【用药分析】　①淋巴外渗多因打击、顶撞、运输过程中局部长时间挤压和碰撞使皮下软组织发生损伤，毛细淋巴管断裂导致淋巴液流出淋巴管外而引起。注入酒精福尔马林液的目的是凝固淋巴液中的蛋白质，阻塞断裂的淋巴管，防止淋巴液继续渗出。②淋巴外渗不能热敷、按摩、反复穿刺等，以免加速淋巴外渗。

【要点总结】　防止咬斗、碰伤、压伤等。

五、黏液囊炎

在皮肤、筋膜、韧带、肌腱与肌肉下面，骨与软骨突起的部位，常有黏液囊垫于其上，以减轻肌、腱、韧带在活动时与骨突起部的摩擦。当黏液囊受到挫伤、摩擦、碰撞、压迫等原因时，常引起黏液囊炎。黏液囊炎多发生于肘突部，一般大型犬多发。

【临床症状】 急性非开放性黏液囊炎，黏液囊内膜渗出，囊内积液，肿大，温热，有波动感，穿刺有黏稠液体流出，并有功能障碍，引起患肢跛行。慢性非开放性黏液囊炎，局部症状轻，囊壁因结缔组织增生而增厚，坚硬。开放性黏液囊炎伤口流出黏液、长久不愈合，出现功能障碍和全身症状。

【诊断要点】 肘部脱毛或有受伤痕迹，于肘结节处出现大小不等的局限性肿胀；急性经过肿胀有波动，局部增温和疼痛。慢性经过肿胀明显增大，囊壁和皮肤变厚，形成硬结性肿胀。化脓性黏液囊炎时热、痛、肿明显。

【治疗方案】

处置1　对于非开放性黏液囊炎，病初采用控制炎症和渗出，如治疗无效时，进行手术摘除。

处方1　0.5％普鲁卡因注射液5～10毫升，氨苄西林0.25～0.5克，黏液囊肿胀周围分点注射，1次/天，连用3～5天。

处方2　氢化可的松注射液3～20毫克，青霉素钠20万～40万单位，抽出囊液后，囊内注入，隔天1次，连用2～3次。

处方3　地塞米松磷酸钠注射液5～10毫克，青霉素钠20万～40万单位，抽出囊液后，囊内注入，隔天1次，连用2～3次。

处方4　醋酸甲基强的松注射液100～250毫克，抽出囊液后，囊内注入，隔天1次，连用2～3次。

处方 5　醋酸泼尼松注射液 100～125 毫克，抽出囊液后，囊内注入，隔天 1 次，连用 2～3 次。

处方 6　10％葡萄糖 100～200 毫升，10％葡萄糖酸钙注射液 10～20 毫升，维生素 C 注射液 2～4 毫升，静脉注射，抑制渗出。

处置 2　开放性黏液囊炎，特别是化脓性黏液囊炎，一般采用手术摘除。

手术方法　常规麻醉，手术台侧卧保定，患肢朝上，局部剪毛，消毒。在肿胀破溃点周围做一梭形或镰刀形切口，切口长度与黏液囊大小一致。通过切口分离黏液囊和皮下组织，直到完全剥离出黏液囊并摘除。彻底清创、止血、投入抗生素，切口除去多余的皮肤，结节缝合切口，切口下角留一小口作引流。伤口涂以碘酊，保护性软垫绷带包扎。全身应用抗生素 5～7 天，静脉注射维生素 C、葡萄糖酸钙抑制渗出。术后限制运动。

【用药分析】　①黏液囊多次穿刺有引起感染的可能，因此多次穿刺后宜加入适量抗生素注入囊内，防止发生感染。②手术分离黏液囊时注意保证囊的完整性，如果黏液囊不能完全摘除，囊壁的内膜会继续分泌黏液，造成黏液囊复发或伤口久不愈合。③黏液囊摘除后皮肤的游离性较大，皮肤可做适当的修剪，但不宜切除过多，以免影响伤口愈合。

【要点总结】　①术后限制运动，防止因起卧导致手术创口开裂，影响伤口愈合。②黏液囊炎在治疗期间或治愈后，应提供柔软舒适窝垫，这样有利于疾病的恢复和减少复发率。

六、耳 血 肿

耳血肿是耳郭内侧皮下出血引起的肿块。由于耳溢血导致耳组织分离，形成充满液体的固定血肿。多因急慢性外耳炎、耳内寄生虫而相互咬斗、耳朵进水等原因引起耳局部频繁瘙痒、抓咬、甩耳、摇头等引起耳内血管破裂而发生。

【临床症状】 耳郭内侧迅速肿胀，从耳基部逐渐向中部发展，严重的波及整个耳郭。耳郭皮肤呈紫色，触之有波动感，温热，疼痛，穿刺可排出血液，继发感染时可形成脓肿，患耳血肿的犬、猫由于耳朵不适不时摇头、甩耳。

【诊断要点】 耳郭内侧发生肿胀，发红或发紫，按压有波动和疼痛反应；肿胀穿刺排出血性液体。

【治疗方案】

处置 1　对于小的血肿，2%碘酊消毒患部，用注射器穿刺抽出积液，再用耳绷带压迫局部 7～10 天，同时肌内注射氨苄青霉素或头孢拉定、止血敏等。

处置 2　耳血肿引流法。采用一次性输液器的塑料管剪成与血肿等长。在管子的四周剪出多个圆形孔，灭菌后作为血肿引流管。全身麻醉，耳血肿部清洗消毒，在耳内侧血肿的近端和远端各做一穿刺口，排尽血肿液，用生理盐水冲洗干净，然后插入引流管，使其进入血肿腔，将引流管的两端缝合固定在皮肤上。耳壳用纱布垫围绕，并用绷带缠绕加压固定，以制止继续出血，当血肿停止出血后，拆除引流管。每天肌内注射氨苄青霉素、止血敏，连用7～10 天。

处置 3　对于较大的血肿，宜采用手术切开法。在肿胀中间做一等长的直线或"S"形切口，清除肿胀腔内血凝块和纤维素。在切口两侧用 4 号丝线做几排水平纽孔状缝合，缝合时从耳郭凸面进针，穿过全层至凹面，再从凹面进针穿出凸面，并在凸面打结。为促进创内引流，皮肤创缘不对齐缝合，让其开放。术后佩戴伊丽莎白项圈，以防止抓挠耳部，必要时注射镇静药。肌内注射抗生素和止血药物，连用 5～7 天。

【用药分析】 ①用手术切开法治疗耳血肿，应对耳郭进行缝合，缝合耳郭的目的是消除血肿形成的空腔，起到压迫止血，同时防止再次积聚血肿液的作用。②缝合耳郭时，应在凸面打结，打结时尽量避免结扎到耳面血管的分支。③切口要不对齐缝合，并要留有小空隙，以利于持续引流。

【要点总结】 术后加强护理，防止犬、猫抓咬引起新的创伤，防止耳血肿复发。洗浴时防止水进入耳朵引发耳炎。

七、第三眼睑腺增生

第三眼睑腺增生是第三眼睑软组织块突出于眼内角的眼球面，呈扁平粉红色或深红色，似樱桃悬于眼内角故又名“樱桃眼”。多因第三眼睑肥大、增生，腺体附着韧带先天发育不良或组织缺陷所致。所有品种的犬均有发生，以3～12月龄的犬多发，猫一般少见。

【临床症状】 单眼或双眼发病，可见软组织突出于眼内侧，并逐渐增大，呈粉红色或深红色。由于长期暴露在外，腺体充血，肿胀，泪溢，常用前肢挠抓患眼。严重的引起结膜炎、角膜炎等。

【诊断要点】 眼内角出现似樱桃的红色软组织块，增生的腺体使患眼难以闭合；流泪，影响视力，易继发结膜炎或角膜炎。

【治疗方案】

处置1 第三眼睑腺切除术。全身麻醉，仰卧或侧卧保定。生理盐水冲洗患眼，用镊子将腺体组织提起，然后用一把弯止血钳将腺体组织基部钳紧，再用手术刀或弯剪沿止血钳切除腺体组织。0.1%肾上腺素滴于切口部，或电烙铁轻微烧烙止血，然后松开止血钳。术后用抗生素眼药水点眼。也可采用捻断法将第三眼睑腺切除，方法是用有齿镊子将腺体提起，用一把直止血钳夹住腺体基部，再用另一把直止血钳反向夹住腺体基部，然后固定下边一把止血钳，慢慢旋转上边止血钳，将腺体捻断，术后应用抗生素眼药水。

处置2 第三眼睑腺内翻术。对于泪腺功能不全或患有干性角膜炎、结膜炎的病犬，因摘除第三眼睑腺后可能加剧干眼症状，应施行此法。全身麻醉，生理盐水冲洗患眼，用两把止血钳钳住第三眼睑向鼻和颞方向牵引，使其外翻，从腺体最前到上方结膜穹窿，横过球结膜缘切开结膜，暴露腺体，钝性分离结膜，用止血钳夹住结膜下缘，眼球向上旋转，然后用 1 号细线穿过下鼻眼球筋膜，并通过腺体基部做一褥状缝合，打结后将腺体还纳到眼球下方位置。术后应用抗生素眼药水。

【用药分析】 ①本病初期应用眼药水滴眼时，有的可见腺体回缩，但不久即可再次脱出，因此根治本病的方法须进行手术治疗。②第三眼睑腺是重要的泪腺，一般宠物医生倾向于将增生物彻底切除，以防复发，全部切除后会影响泪液分泌量，少部分犬会造成干性角膜、结膜炎。

【要点总结】 ①腺体内翻术可避免造成干性角膜、结膜炎，但操作较为复杂，腺体强迫包埋进去，术后有少数犬有再脱出的可能。②防止维生素缺乏，每日食物中补充维生素、鱼肝油可有效防止本病的发生。

八、泪道堵塞

泪道堵塞是指泪道的泪点、泪小管、泪囊和鼻泪管发生阻塞，使泪液不能经鼻腔排出而使其从睑缘溢出。多因异物落入泪道、外伤、炎症等引起管腔黏膜肿胀或脱落等造成泪道堵塞。另外，某些小型犬如贵妇犬、西施犬、博美等头部垂毛也会刺激或阻塞泪道，引起泪道堵塞。

【临床症状】 临床上以泪溢为特征，单侧或双侧眼发生。内眼角下方皮肤因长期受泪液浸渍，被毛红染。如泪道炎症所致的阻塞，除眼内角有泪溢外，还表现疼痛、肿胀、炎性分泌物等。严重时伴有化脓性结膜炎，眼睑脓肿等。

【诊断要点】

1. 临床症状　泪溢时两眼内角有泪痕，一般无羞明、混浊、疼痛症状。

2. 荧光素试验　将头抬起，用1%荧光素溶液滴满于患眼结膜囊内，然后头放低，5～7分钟未见染料从鼻孔内出现，证明泪道堵塞。

3. 泪道冲洗术　患眼滴入数滴局麻药，将4～6号钝头圆针或泪道导管经上泪点插入泪小管，缓慢注入生理盐水，如液体从下泪点、鼻腔排出或犬、猫有吞咽、逆呕或打喷嚏等动作，说明泪道通畅，反之说明泪道堵塞。

4. 鼻泪管造影　经泪点注入造影剂，进行X线摄片，以观察泪道的畅通情况。

【治疗方案】　炎症早期，多采用药物治疗，如泪道已形成器质性阻塞则需施行相应的手术治疗。

处置1　泪点复通术。下泪点缺如或泪点被结膜褶封闭多采用此法。在压迫上、下泪小管汇合处远端，于上泪点用力注入生理盐水，迫使下睑缘接近眼内眦处隆起，即为下泪点位置。再用眼科镊提起隆起组织，将其切除，下泪点即复通。术后患眼应用抗生素和皮质类固醇类眼药水，连用7～10天，防止人造泪点瘢痕形成而阻塞。

处置2　鼻泪管冲洗。因炎症引起的泪点或泪小管狭窄或阻塞可用此法。患眼朝上，在距眼眦2～5毫米处找到泪点，在泪点沿鼻腔方向插入4～6号钝头圆针（人医用鼻泪管冲洗针头也可）。当插入0.5～1厘米时接上注射器，注入1%氨苄青霉素生理盐水溶液反复冲洗，直至感到冲洗时阻力不断减小，并有液体从患眼侧鼻孔处流出，说明泪道已通畅，配合抗生素和皮质类固醇眼药水点眼。

处置3　泪道插管术。当泪囊或鼻泪管阻塞冲洗无效时，可用此法。从泪点插入一根2～0尼龙线穿过泪道从鼻孔出来。再把管径适宜的聚乙烯管套在尼龙线上。由尼龙线将导管引出泪道，除去尼龙线，其导管留置于泪道内。导管两端分别固定在泪点和鼻孔周围组织，2～3 周后除去导管。术后用氯霉素眼药水点眼，4～6 次/天。

【用药分析】 ①实施泪道冲洗时，应全身麻醉，保定确实，以免发生意外。②犬的鼻泪管很细，因此，在冲洗时操作要轻缓，不可粗糙，以防造成鼻泪管破裂。③许多眼部疾病(结膜炎、角膜炎、外伤)都能导致泪道阻塞。因此在治疗结膜炎、角膜炎、外伤所致炎症时，使用抗菌消炎和鼻泪管冲洗术相结合的方法，能够缩短病程。

【要点总结】 平时应注意犬、猫的眼部卫生，洗澡后滴加眼药水预防本病发生。

九、结膜炎

结膜炎是指睑结膜和球结膜受到外界刺激和感染而引起的炎症。多因机械性刺激，传染性因素，邻近组织疾病，化学试剂或药品，过敏反应等因素直接或间接而引发。

【临床症状】

1. 卡他性结膜炎 羞明，结膜肿胀，潮红，充血，有大量浆液性或黏液性分泌物。

2. 化脓性结膜炎 眼内流出大量脓性分泌物，并发角膜混浊，眼球粘连及眼睑湿疹等。

3. 滤泡性结膜炎 结膜水肿充血，黏液性分泌物，几天后变成黏液脓性分泌物，第三眼睑内有颗粒状大小不一的滤泡。常见于猫的衣原体和慢性结膜炎。

【诊断要点】

1. 急性结膜炎 怕光，流泪，眼睑肿胀，结膜红、肿、痛。浆液性、黏液性或脓性分泌物。

2. 慢性结膜炎　结膜呈暗红色，分泌物呈浆液性或黏液性，眼眦的下方被毛常有脱落。

【治疗方案】

处方1　3%硼酸溶液，冲洗患眼，3～4次/天。

处方2　1%明矾溶液，冲洗患眼，3～4次/天。

处方3　氧氟沙星滴眼液，点眼，5次/天。

处方4　氯霉素眼药水，点眼，5次/天。

处方5　醋酸氢化可的松眼药水，点眼，5次/天。

处方6　红霉素眼膏，点眼，2～3次/天，保护角膜。

处方7　疱疹净眼药水或吗啉胍眼药水，点眼，5～6次/天，用于病毒性眼病。

处方8　聚肌胞注射液、利巴韦林注射液混合，点眼或肌内注射，用于疱疹明显时。

处方9　0.5%普鲁卡因注射液2～3毫升，氨苄西林0.1～0.2克，地塞米松磷酸钠注射液1～2毫克混合上、下眼睑各注射0.5～1毫升或球后注射，隔天1次。

处方10　庆大霉素注射液、地塞米松磷酸钠注射液各2毫克，2%普鲁卡因注射液0.2毫升混合球后注射，隔天1次。

处方11　自家血1毫升，氨苄西林0.5克，2%普鲁卡因注射液0.5～1毫升，注射用水1～2毫升，混合后睛俞、睛明穴各注射0.5～1毫升，3天1次。

处方12　氨苄西林0.1克/千克体重，利巴韦林注射液20毫克/千克体重，地塞米松磷酸钠注射液0.5毫克/千克体重(角膜溃疡时禁用)分别肌内注射，1次/天，连用5～7天。

处方13　生理盐水100～200毫升，头孢曲松钠0.1克/千克体重静脉注射，1次/天，连用5～6天。

【用药分析】　①眼周封闭疗法可缩短病程。②严重结膜炎时应配合全身抗生素消炎，以提高疗效。③眼结膜囊内冲洗术可有效祛除异物，防止结膜损伤。

【要点总结】 ①结膜炎可能是其他传染性疾病的先兆。②平时加强管理，注意眼部保健。

十、角膜炎

角膜炎是指眼角膜表层或深层的炎症。多因受微生物，外力因素，眼邻近组织病变的蔓延，某些传染病和寄生虫病等因素影响而发生炎症，以角膜混浊、溃疡、穿孔、留有角膜翳等为特征。

【临床症状】

1. 浅表性角膜炎 受外来因素刺激所致，角膜表面混浊和呈树枝状新生血管。

2. 深层性角膜炎 眼内感染所致，角膜混浊增厚，新生血管分支少，呈细扫帚状。

3. 溃疡性角膜炎 角膜水肿，表面不规则，有浅表性血管形成，溃疡。严重时角膜穿孔甚至视力丧失。

【诊断要点】

1. 轻度角膜炎 角膜出现不同程度的混浊及角膜缺损。

2. 重度角膜炎 视力减退，角膜损伤部混浊，并出现弩状、点状、斑块状范围明显的翳。

3. 角膜溃疡 角膜破溃穿孔，有眼前房液和血液流出，常与虹膜粘连，以至视力丧失。

【治疗方案】

处方 1　3%硼酸溶液，冲洗患眼，3～4 次/天。

处方 2　氧氟沙星眼药水，点眼，5 次/天。

处方 3　氯霉素眼药水，点眼，5 次/天。

处方 4　1%硫酸阿托品溶液，点眼，1～2 次/天，防止虹膜粘连。

处方 5　妥布霉素滴眼液，点眼，5 次/天。

处方 6　0.5%普鲁卡因注射液 2 毫升，氨苄西林 0.5 克，氢化可的松注射液 10 毫克眼球后注射。

处方 7　0.5%普鲁卡因注射液 2 毫升，氨苄西林 0.5 克，强的松龙注射液 2 毫升，混合，球结膜注射或上、下眼睑注射。

处方 8　自家血 1～2 毫升，氨苄西林 0.5 克，2%普鲁卡因注射液 0.5～1 毫升，注射用水 1～2 毫升混合后睛俞、睛明穴各注射 0.5～1 毫升，3 天 1 次。

处方 9　5%～10%乙酰半胱氨酸溶液点眼，3～4 次/天，抑制胶原溶液，治疗深在性角膜溃疡。

处方 10　素高捷疗眼药膏点眼 4～5 次/天，以促进溃疡面愈合。

处方 11　贝复舒滴眼液点眼，4～6 次/天，促进角膜愈合。

处方 12　中成药拨云散点眼，2 次/天，治疗角膜翳。

【用药分析】　①角膜炎一般不用肌内注射或静脉注射抗生素，因为通过全身血液而到达角膜的抗生素浓度极低，不足以控制感染，而多采用外用药和上、下眼睑或球后注射。②一般情况下，糖皮质激素类（强的松龙、地塞米松、可的松）药物可有效控制炎症，以减轻炎症反应，减少瘢痕形成。但是在角膜溃疡阶段禁止使用，以免造成角膜溃疡愈合延迟，并可能造成溃疡的加重甚至穿孔。③伴有角膜浸润或溃疡病例，一般可用阿托品点眼散瞳，严禁使用缩瞳药。

【要点总结】　①角膜炎可能是其他传染性疾病的先兆。②平时加强管理，注意眼部保健。

十一、眼睑内翻

眼睑内翻是指眼睑缘向眼球方向内卷，致使睑缘或睫毛刺激眼球的一种异常状态。多因品种或遗传缺陷，常见沙皮犬、松狮犬、斗牛犬等品种的先天性眼睑内翻。角膜擦伤，眼内异物，上、下眼睑强烈闭合，可引起痉挛性眼睑内翻。慢性结膜炎或结膜手术后，因眼结膜瘢痕收缩而引起瘢痕性眼睑内翻。

【临床症状】 多见于下眼睑内翻，由于睫毛甚至睑缘皮肤刺激结膜、角膜和眼球，引起结膜充血，流泪，角膜浅层有新生血管形成，发生结膜炎，角膜炎。如不及时手术治疗，可出现角膜血管增生，色素沉着及角膜溃疡等。

【诊断要点】 眼睑内侧弯曲，睫毛刺激眼结膜，引起结膜、角膜炎症。严重的形成眼翳或角膜穿孔；结膜潮红、充血、流泪、眼分泌物增多。

【治疗方案】

处置 1　保守疗法。可向眼睑内滴注消炎药水，无效时应手术治疗。

处置 2　手术疗法。进行手术矫正是治疗眼睑内翻的有效方法，一般在保守疗法无效情况下使用，手术时多采用椭圆形皮片切除法。全身麻醉，局部剪毛消毒。用镊子距睑缘 2～4 毫米提起皮肤，并用止血钳或弯止血钳将其夹住，钳夹的长度与内翻的睑缘相等，钳夹的宽度依内翻矫正的程度而定，钳夹时眼睑应有一定的外翻状态。用力钳夹皮肤或用持针钳钳压 1 分钟。这样在去除止血钳后仍可使皮肤皱起，便于切除，也可减少出血。用镊子镊住皱褶的皮肤，沿压痕将其剪除，使皮肤切口呈月牙形或椭圆形。最后用 4 号或 7 号丝线结节缝合皮肤创缘，缝合要紧密，保持针距 2～3 毫米。术后滴注抗生素眼药水，每天 3～4 次，同时肌内注射抗生素。颈部套上颈圈,防止抓伤,术后10～14天拆线。

【要点总结】 ①眼睑内翻手术切口宽度应根据局部皮肤皱襞及松弛程度而定,皮肤较皱而松弛的,切除宽度可稍大一些。②皮肤切除后可用镊子夹持皮肤切口创缘使之对合,观察是否达到预定效果,如未达到,可以小手术剪加以修整,然后再予缝合,切忌一次切除过多,以免造成眼睑外翻。

十二、眼睑外翻

眼睑外翻是眼睑缘离开眼球向外翻转显露的异常状态。常见于圣伯纳犬、美国可卡犬、纽芬兰犬等。

【临床症状】 眼睑缘离开眼球表面,呈不同程度的向外翻转,结膜因暴露而充血、潮红、肿胀、流泪,结膜内有渗出液积聚。随着时间的推移结膜变得粗糙及肥厚,也可因眼睑闭合不全而发生色素性结膜炎、角膜炎。角膜干燥、粗糙,影响视力。

【诊断要点】 下眼睑向外翻转,流泪及结膜皱襞中积聚渗出物;睑结膜长期暴露在外引起结膜充血、炎症、角膜干燥及粗糙。

【治疗方案】

处置 手术治疗。在下眼睑皮肤做"V"形切口法,然后将其缝合成"Y"形,使下睑组织上推以矫正外翻,即"V～Y"成形术。病犬全身麻醉,侧卧保定,患眼朝上,局部剪毛消毒。在距眼睑外翻下缘2～3毫米处切一"V"字形切口,并从其尖端向上分离皮瓣,使三角形皮瓣游离。其"V"形基底部应宽于外翻部分的长度。然后从尖端向上"Y"形缝合,即从"V"形尖部开始缝合,边缝合边向上移动皮瓣,直到外翻矫正为止。最后缝合皮瓣和皮肤切口,使"V"形创面变成"Y"形,最后4号丝线结节缝合,闭合伤口,缝合要紧密,针距2毫米。术后抗生素眼药水滴眼,每天3～4次,同时肌内注射抗生素,颈部安装颈圈,防止自我损伤。经10～14天,伤口愈合后可拆除缝线。

【要点总结】 ①眼睑外翻手术切口应根据局部皮肤皱襞及松弛程度而定，皮肤较皱而松弛的，切除角度可稍大一些。②术后严防病犬抓挠，夏季应防止苍蝇污染切口。

十三、眼球脱出

眼球脱出是指部分眼球或整个眼球脱出眼眶的一种严重的外伤性眼病。多因动物打斗引起挫伤或挤压眼眶、耳根部引起。犬、猫均可发生，其中短头品种犬如北京犬、西施犬等因眼眶较大更易发生。

【临床症状】 表现为眼球突出和眼球脱出 2 类。

1. 眼球突出 眼球突出于眼眶外，呈半球状，眼结膜充血，表面黏有血液或异物，脱出时间长时角膜干燥或混浊无光。

2. 眼球脱出 眼球全部脱出于眼眶，表面常被覆大量血凝块，随着时间延长，角膜及整个眼球变性干燥，视神经变性，视力完全丧失。

【诊断要点】

1. 病史 一般有撕咬、撞击等外伤史。

2. 临床症状 眼球 3/4 部分在眼眶外即视为突出；全部在眼眶外视为脱出。

【治疗方案】

处置 1 眼球脱出复位术。适用于轻度眼球脱出，组织损伤轻微，水肿不严重，脱出时间较短的病例。全身麻醉，侧卧保定，患眼朝上，用 3％硼酸水或混有抗生素的生理盐水充分冲洗眼球，棉球擦拭干净。用创巾钳将上、下眼睑提起，再用湿的灭菌纱布盖住患眼，用手指将眼球轻轻压入眼眶内，使其复位；如整复困难可用手术刀在外眼角处做一长约 0.5 厘米切口，便于眼球进入眼眶内。

整复后眼球上涂布红霉素眼膏，为防止眼球再次脱出，可在上下眼睑结节缝合 2～3 针。打结前，缝线穿上乳胶管，以免缝线压迫睑缘和损伤角膜。术后肌内注射抗生素 5～7 天，眼睑处滴入眼药水，每天 3～4 次，连用 3～4 天。术后 7 天拆线。

处置 2 眼球摘除术。适用于眼球脱出的时间过长或重度外伤致使眼球高度水肿、化脓或坏死。全身麻醉（也可配合眼球表面麻醉及眼球周围浸润麻醉），侧卧保定，患眼朝上，患眼周围剪毛消毒，并用带有抗生素的生理盐水冲洗干净。用开睑器将上、下眼睑张开，以眼科镊子夹住巩膜固定眼球，用手术刀在眼球上方距穹窿结膜 3 厘米处的球结膜上做环形切口。再用弯头手术剪伸入球结膜切口，环形一周剪开球结膜，再沿巩膜外壁向后分离球结膜下组织到各眼直肌附着部，依次剪掉各眼直肌，继续向后剥离，直达视神经，然后用组织钳夹住眼球边旋转边向上牵引，当眼球旋转 2～3 周并提出眼眶时，将弯眼科剪伸至眼球后方剪断视神经及眼球退缩肌，摘除眼球。用浸有肾上腺素的生理盐水纱布块塞入眼眶内，压迫止血，出血停止后，取出纱布块，用生理盐水清洗创腔。然后将眼眶内肌肉连续缝合，最后结节缝合上、下眼睑，并在最低处留一针不缝，以便渗液流出和滴入眼药。术后肌内注射抗生素1～2 次/天，连用 7 天；止血药 1 次/天，连用 3 天。每天滴注眼药水 3～4 次，10 天后拆线。

【用药分析】 ①眼睛是敏感部位，眼球复位及检查时，均应做全身麻醉，以减少由于复位或检查时引起的损伤。②眼球严禁使用酒精、碘酊等刺激性强的外用消毒剂，以免灼伤角膜。③眼球复位后，眼睑应做 2～3 针纽扣状缝合，与睑缘垂直的缝线应套上等长的软塑料管（输液器前段细管即可），以防缝线损伤角膜。④缝线拉得不要过紧，一般以挡住眼球不再外脱，稍露出部分角膜即可，这样既可以避免线过紧导致组织缺氧，又利于局部用药。

【要点总结】 犬发生眼球脱出，治疗越早越好，若治疗不及时，轻则患眼失明，重则眼球摘除，造成视力不可逆性损害。

十四、外耳炎

外耳炎是指外耳道上皮的炎症。多因洗浴不当，异物刺激，细菌、真菌、耳螨感染等引起。炎热、潮湿季节多发，且垂耳或外耳道多毛品种犬、猫多发(因不利于通气和排湿)。

【临床症状】 病犬不安，摇头抓耳，耳部敏感疼痛，拒绝按压。外耳道皮肤充血、肿胀，耳内有棕黄色油脂状分泌物或脓性分泌物，病程长的耳道上皮肥大、增生，使耳道堵塞。

【诊断要点】 病犬有明显的甩头、抓挠耳朵及耳朵周围皮肤损伤症状；用棉签掏耳可见有黄色或红褐色分泌物。

【治疗方案】

处置　镇静或麻醉后，剪去或拔除耳郭及外耳道入口的被毛，灭菌生理盐水清洗，湿润外耳道。

处方 1　3%过氧化氢溶液，清洗外耳道，然后用棉球擦干。

处方 2　1%雷佛奴尔溶液，清理外耳道，然后用干棉球擦干。

处方 3　复方新霉素滴耳液，滴耳，3～4 次/天，用于细菌性外耳炎。

处方 4　复方氧氟沙星滴耳液，滴耳，3～4 次/天，用于细菌性外耳炎。

处方 5　克霉唑乳膏，外耳道涂抹，1～2 次/天，用于真菌性外耳炎。

处方 6　硝酸咪康唑乳膏，外耳道涂抹，1～2 次/天，用于真菌性外耳炎。

处方 7　伊维菌素、害获灭或通灭滴入耳道或皮下注射，用于耳螨引起的外耳炎。

处方 8　头孢拉定或头孢唑林钠 0.1 克/千克体重，肌内注射或静脉注射,1～2 次/天,连用 5～7 天。用于细菌感染引起的外耳炎。

处方 9 地塞米松磷酸钠注射液,5～10 毫克,肌内注射或静脉注射,用于耳道充血、水肿、脓性分泌物较多时,有利于水肿消除。

处方 10 生理盐水 100～200 毫升,头孢曲松钠 0.1 克/千克体重,静脉注射,用于严重感染病例。

处方 11 生理盐水 100～200 毫升,头孢拉定 0.1 克/千克体重,静脉注射,用于严重感染病例。

【用药分析】 ①对于外耳炎,彻底清洗耳道至关重要,特别对于严重病例,如果耳道清理不彻底易造成病情复发。②建议不要用棉签清理耳道,以免给犬、猫清理耳道分泌物时,将棉球落入耳内,造成不必要的损伤。③轻度外耳炎只需局部用药,如有严重的组织肿胀、溃疡,明显的皮炎症状,则需进行全身性抗生素治疗,抗生素治疗至少持续 7～14 天。

【要点总结】 犬外耳炎多由细菌感染,少数由真菌和耳螨感染而引起;猫外耳炎多由外寄生虫、耳螨引起,少数由细菌和真菌感染引发。临床上应根据实验室检验和耳镜检查,选择适宜的药物进行治疗。

十五、尿 石 症

尿石症又称尿路结石,是肾结石、输尿管结石、膀胱结石和尿道结石的统称。一般认为与食物单调,矿物质含量过高,饮水不足,矿物质代谢紊乱,尿液的 pH 值改变,尿路感染及疾病等因素有关。多见于中、老年犬、猫。

【临床症状】 由于尿结石存在的部位及对组织的损伤程度不同,其症状也不一致。

1. 肾结石 多位于肾盂，排血尿，肾区压痛，步态强拘，紧张，严重时肾盂积水。

2. 输尿管结石 急剧腹痛，行走拱背，表情痛苦。输尿管部分阻塞时，出现血尿、脓尿、蛋白尿；输尿管完全阻塞时，无尿进入膀胱，膀胱空虚。

3. 膀胱结石 排尿困难，尿频和血尿，但每次排尿量少。结石位于膀胱颈时，疼痛明显，排尿困难，通过腹壁触诊可准确摸到结石。

4. 尿道结石 多见于犬、猫。尿道不完全阻塞时，排尿痛苦，排尿时间延长，尿呈断续或点滴状排出；尿道完全阻塞时，出现尿闭，肾性腹痛，导尿管插入困难，膀胱极度充盈，频频努责，却无尿液排出，时间长时可致膀胱破裂。

【诊断要点】

1. 临床症状 有尿闭、血尿、排尿困难等临床表现。

2. 镜检 尿液离心镜检可见尿结晶颗粒。

3. X线检查 可见明显结石影像。

【治疗方案】

1. 保守疗法 通过药物促进结石溶解和排出。

处方1 排石饮液，口服，2次/天，10天为1个疗程。

处方2 排石冲剂，口服，2次/天，10天为1个疗程，连用2～3个疗程。

处方3 金钱草冲剂，口服，2次/天，10天为1个疗程，连用2～3个疗程。

处方4 乌洛托品注射液，1～2毫克/千克体重，静脉注射，1次/天。

处方5 止血敏注射液，2～4毫升，肌内注射或静脉注射。

处方6 尿石症处方粮饲喂。

2. 手术疗法

处置1　膀胱切开术。主要用于膀胱结石，全身麻醉，仰卧保定。母犬选择耻骨前腹中线切口切开腹壁，公犬选择耻骨前阴茎旁侧一指宽处为切口切开腹壁，切口长3～5厘米，将膀胱引出体外，周围用消毒湿纱布隔离。避开较大血管，于血管稀少处切开膀胱，取出结石。生理盐水反复冲洗膀胱和尿道，除去细小砂石，用可吸收线双重缝合膀胱，冲洗干净后放入腹腔。腹腔内投放抗生素，常规闭合腹腔，伤口碘酊消毒，术后肌内注射抗生素。

处置2　尿道切开术。尿道切口主要根据阻塞部位，选择手术通路，一般可分为前方尿道切口和后方尿道切开。

①前方尿道切开术　切口在阴囊前，主要用于阴囊前尿道结石。全身麻醉，仰卧保定。尿道内插入导尿管，在阴茎骨后方和阴囊之间正中线做一切口，切开阴茎皮肤，牵移阴茎退缩肌，切开尿道海绵体和尿道，取出结石。然后通过导尿管用生理盐水冲洗，洗净尿道，检查尿道膀胱是否畅通。最后依次缝合尿道和皮肤，术后为防止污染伤口，留置导尿管数天。术后肌内注射抗生素。

②后方尿道切开术　切口在坐骨弓与阴囊之前，主要用于阴部及骨盆部尿道长距离砂石发生阻塞。全身麻醉，仰卧保定，插入导尿管，切开阴囊腹侧，切除阴囊和睾丸，充分显露阴茎和尿道，切开尿道，取出尿道内结石并冲洗干净，将导管插入后部尿道至膀胱中，尿道造口缝合，将尿道黏膜与同侧皮肤做紧密结节缝合，最后闭合剩余皮肤创缘。术后为防止污染伤口，留置导尿管数天。术后肌内注射抗生素。

【用药分析】　①肾盂结石，诊断比较困难，治疗技术难度大，往往预后不良。②膀胱结石和尿道结石术前应先导尿，导尿可探查到结石是否在尿道及尿道是否畅通等，另外还可导出膀胱内积尿，缓解膀胱压力及手术中尿液的污染。③在膀胱结石手术中，膀胱缝合应选用可吸收线和较细的圆针，不能用不可吸收的丝线和三棱针缝合。膀胱采用二层缝合法,第一层采用伦勃特缝合,第二层采用水平褥式内翻缝合。膀胱取石后要用生理盐水反复冲洗膀胱和尿道,并用手探查膀胱黏膜,以免有残余的结石颗粒滞留。④尿道结石公犬、猫多见。关键是冲洗尿道,对于细小结石要么从尿道口涌出,要么送入膀胱,然后确诊尿道内是否冲洗干净,术后给予利尿剂或排石药、处方食品等。对于较大结石,宜采用手术取出。⑤术后内置导尿管及时排尿,减少伤口污染,严防撕咬,引起导尿管脱落。

【要点总结】 平时调整日粮结构,饲喂全价日粮,尽量不饮自来水、河塘水等。

十六、骨　折

骨折是指骨的完整性或连续性遭到破坏,多伴有周围软组织不同程度的损伤。多因外力作用(撞伤、压伤、跌伤),病毒因素(骨髓炎、佝偻病、骨肿瘤)引起骨质松脆,抵抗能力降低所致。多见于前、后肢骨折。

【临床症状】 骨折分为开放性骨折和闭合性骨折。临床上多见于后者。开放性骨折时,骨折部的软组织发生损伤,骨折断端有时露出伤口外,治疗不及时易发生感染。骨折发生后,患肢跛行,不能负重。骨折局部发生变形、肿胀,触之有骨断端的粗糙摩擦感或摩擦音,病犬因剧烈疼痛嚎叫不安。骨折发生 1～2 天后,因组织分解产物和血肿吸收,表现体温升高。

【诊断要点】

1. 临床症状 开放性骨折在创内可见到骨断端或骨碎片,血凝块等;骨折发生后,疼痛剧烈,局部肿胀,患肢不能负重,活动时患肢可听到骨断端的摩擦音或感到断端的摩擦感。

2. X 线检查 能准确诊断骨折的类型及程度。

【治疗方案】

1. 开放性骨折　先对病犬进行全身麻醉，0.1%新洁尔灭溶液清洗创面，清除挫伤组织，将骨折断端进行对合复位。创面用带有抗生素的生理盐水冲洗，缝合伤口，夹板应避开伤口施行石膏绷带固定，固定时皮肤上要用棉花或棉垫包裹，以防摩擦。术后采用氨苄青霉素或头孢拉定肌内注射或静脉注射，2 次/天，直至伤口愈合。同时口服钙片和止痛片，早期限制活动。

2. 闭合性骨折　全身麻醉，根据骨折部位，采用旋转、屈伸，托压等手法纠正变形的部位，然后对该骨折部位上下两个关节之间覆盖棉花或棉垫，利用夹板或石膏绷带进行固定。术后肌内注射抗生素，口服钙片和止痛药物。

3. 骨折内固定　对于难以进行体外固定的闭合性或开放性骨折，可进行骨折内固定术。全身麻醉，根据骨折部位的不同，选择不同的手术路径。切开患部皮肤，钝性分离肌肉，暴露骨折部，对合好断端后，用钢丝、钢板、髓内针、骨螺钉等不锈钢制的内固定物进行固定，然后清创，滴入抗生素溶液，进行缝合，缝合后加以外固定，防止肌肉收缩而使内固定材料断裂。术后静脉注射第三代头孢(如头孢曲松钠、甲硝唑等)。

【要点总结】　①对于开放性骨折，必须按外科创伤处理原则对患部进行清创，及时使用有效抗生素，防止感染，争取一期愈合。开放性骨折不宜施行全封闭的石膏绷带固定。②施行外固定手术时，夹板或石膏绷带的松紧度一定要合适。过松失去固定作用，过紧则易造成患肢血液循环障碍，长时间易导致患肢缺血坏死及愈合失败。③整复骨折断端复位时，尽量使骨折断面对合良好，防止断面错位和肢体扭曲。④内固定术过程中应严格按照无菌技术进行操作。手术后重视全身和局部的抗感染措施。实施多种抗生素联用，以确保术后无感染发炎，提高手术成功率。

十七、关节脱位

关节脱位又称脱臼，是在外力作用下，关节两骨端的正常位置被破坏而出现移位。多因关节发育异常或关节受到撞击，从高处坠落等引起。犬、猫多发生髋关节脱位、髌骨脱位、肩关节脱位或肘关节脱位等。

【临床症状】 关节脱位后出现严重跛行，局部关节变形肿胀，疼痛，关节活动受到限制，脱位关节以下的肢势发生改变，如内收、外展、伸展或屈曲等。

【诊断要点】

1. 临床症状 关节变形，肿胀，姿势异常，并出现功能障碍；髋关节脱位的患犬，站立时患肢外旋，举肢严重受限，运步强拘。髌骨脱位时，患肢似缩短而不能负重，行走时呈三脚跳。

2. X线检查 观察关节脱位的程度与组织损伤情况，有助于准确诊断。

【治疗方案】

处置1 保守疗法。对于不完全脱位或轻度全脱位，尽早采用闭合性整复与固定。全身麻醉，侧卧保定，患肢朝上，与对侧正常的关节作对比，在助手的配合下，术者通过牵拉、按揉、内旋、外展、伸屈等相结合的手法，把脱位关节整复到正常位置。整复后，为防止复发，应加以固定，采用石膏绷带、弹力绷带或夹板绷带等进行适宜的外固定。

处置2 手术疗法。对于中度或严重的关节全脱位的病例，采用保守疗法很难见效时，多采用开放性整复与固定，根据不同的关节脱位，使用不同的手术径路，进行手术复位。

【要点总结】 ①保守疗法对脱出的关节复位后，有再次脱出的可能，形成习惯性脱位。②手术难度较大，在一般宠物医院实施起来有一定困难。

十八、椎间盘突出

椎间盘突出是指椎间盘变性、纤维环破裂，髓核突出，压迫脊髓引起的一系列症状。多因椎间盘退变引起。另外，外伤、内分泌失调（如甲状腺功能减退）、自身免疫因素、遗传因素、钙缺乏等均可引起本病的发生。北京犬、西施犬、腊肠等品种发病率较高。

【临床症状】

1. 颈部椎间盘突出 颈部肌肉疼痛，鼻尖触地，腰背弓起，头颈不能伸展和抬起，行走小心。触诊患部可引起剧痛或肌肉极度紧张，严重者，颈部、前肢麻木，共济失调或四肢瘫痪。

2. 胸、腰部椎间盘突出 胸、腰部疼痛明显，弓腰、呻吟、不愿行走。脊椎两侧肌肉及腹肌僵硬，两后肢跛行，甚至瘫痪。排粪排尿失禁，深部疼觉消失。

【诊断要点】

1. 病史 可通过询问宠物主人，了解犬的饮食结构、有无外伤史等。

2. 临床症状 胸、腰部椎间盘突出时，背腰弓起，抗拒检查，严重时后肢瘫痪、知觉丧失。

3. X 线检查 椎间盘间隙狭窄，椎间盘、椎间孔钙化。

【治疗方案】

处置 1 保守疗法，发病初期或轻瘫病例采用消炎、止痛、促进神经恢复。

处方 1 5％葡萄糖注射液 100～200 毫升，甲基泼尼松龙琥珀酸钠注射液 30～40 毫克/千克体重，静脉注射，1 次/天，连用 3～4 次。

处方 2 2％普鲁卡因注射液 0.5～1 毫升，氨苄西林 0.5 克，地塞米松磷酸钠注射液 2～5 毫克，腰椎两侧分点注射或百会、悬枢、命门穴注射。

处方 3　强的松龙注射液，3 毫克/千克体重，氨苄西林钠 0.5 克，2%普鲁卡因注射液 1 毫升，腰椎间分点注射。

处方 4　维生素 B_1 注射液，0.2 毫升/千克体重，维生素 B_{12} 注射液 0.1 毫升/千克体重，当归注射液 0.2 毫升/千克体重，悬枢、命门、百会穴注射。

处方 5　氨苄西林钠 0.1 克，地塞米松磷酸钠注射液 0.5～1 毫克/千克体重，维生素 B_1 注射液 0.2 毫升/千克体重，维生素 B_{12} 注射液 0.1 毫克/千克体重，皮下注射。

处方 6　硝酸士的宁注射液，0.06 毫克/千克体重，肌内注射，每 3 天 1 次，连用 3 次。

处方 7　加兰他敏注射液，0.1～0.2 毫升/千克体重，肌内注射，1 次/天，连用 5 天。

处置 2　保守疗法无效时，则应考虑手术疗法，常用的有开窗术和椎板切除术。但由于该手术难度较大，国内仅有少数宠物医院开展。

【用药分析】　①颈部和轻度的胸、腰段椎间盘疾病经保守疗法可以痊愈，但复发率高，手术疗法预后很好，但难度较大。②中医针灸疗法效果确实可靠。常用白针、水针、电针、激光针、特定电磁波等针灸疗法，其中以电针效果最佳。③按摩热敷是一种传统性、无创伤的物理疗法，通过按摩热敷病犬的皮肤、肌肉或穴位以达到治疗目的。④在治疗过程中不要洗澡着凉、剧烈运动或配种，以免再次复发。

【要点总结】　①长期以肉、动物肝脏为主食的犬易发该病，因这些食物中钙少磷多，比例失调，长期喂食会造成脱钙引发椎间盘疾病；而动物肝脏中含有大量维生素 A，可抑制维生素 D 的吸收，从而间接减少钙的合成和利用引发本病。②本病的发生与天气寒冷有关，10 月份、11 月份、12 月份天气寒冷，3 月份和 4 月份为停止供暖之后，所以发病都比较多。③国外以腊肠犬多发，国内以北京犬多发，其中可能是因为北京地区饲养北京犬较多，再加上北京犬前肢为“O”形腿，走路时或奔跑时，后躯摆动较大，这也是胸腰椎连接处多发本病的原因。④犬椎间盘疾病多数发生在公犬，少数发生在母犬。⑤若有狗跳跃、摔跌、牵拉不当时引起腰挫伤，易诱发本病，因此平时应防止腰椎损伤。⑥突然遭遇寒冷刺激、洗澡过勤、突然惊吓等应激可使轻度腰病加剧。⑦加强户外运动和光照有利于钙的吸收。⑧要补充含有维生素 D 的钙，有利于体内吸收，使腰椎强健。⑨经常对腰背部及脚趾按摩或对腰部穴位定期进行针刺保健。

十九、脐　疝

脐疝是指腹腔内容物经脐孔脱出于皮下而形成局限性突起。先天性脐部缺陷，出生后脐孔闭合不全等是脐疝发生的主要原因。脐疝内容物多为网膜、镰状韧带或小肠等。

【临床症状】　脐部呈现局限性半球形肿胀，触摸质地柔软，也有的表现紧张、无热痛感。非粘连性脐疝多能还纳内容物，并可摸到疝轮。如发生粘连时，则发生嵌闭性脐疝，内容物不能还纳至腹腔，表现局部肿胀，疼痛，精神沉郁、弓背收腹、废食、严重者发生休克。

【诊断要点】　脐部出现柔软肿胀物，大小不等；当犬、猫挣扎引起腹压增高时，脐部肿胀往往增大。将内容物推入腹腔后，可触摸到疝孔，当出现炎症反应时，局部肿胀粘连则不易摸清疝轮。

【治疗方案】

处置　当疝囊逐渐增大或内容物发生粘连、嵌闭时，应施行手术。

手术方法　全身麻醉，仰卧保定，术部常规消毒，在疝囊部皮肤上做一纵向切口，切口长度略超过疝囊前后界，也可沿脐疝基部做一梭形切口，钝性分离或剪开皮下组织，即可暴露疝轮及腹腔内容物，如未发生粘连、嵌闭，将其还纳腹腔；如内容物发生粘连，小心剥离还纳腹腔或剪除部分网膜组织，然后进行纽孔状缝合，闭合疝孔。皮肤适度修剪后进行结节缝合。碘酊消毒，装上护创绷带。术后肌内注射抗生素。

【要点总结】　①疝内容物还纳后，疝轮边缘要修剪成新鲜创面，以利于疝轮闭合。②术后 7～10 天内减少饮食，限制剧烈运动，防止打斗，以免腹压过大造成脐孔伤口难以愈合。

二十、髋关节发育不良

髋关节发育不良是犬在生长发育阶段出现的一种髋关节疾病。以髋关节周围软组织不同程度的松弛，关节不稳定，半脱位或全脱位，最终发展成为严重的退行性关节炎为主要特征。本病的发生与遗传有关，也受到环境因素的影响。有着遗传缺陷的病犬，在受到不良环境或营养因素影响后，关节软组织与骨组织发生进行性病理变化。多发生于大型犬和生长快的幼龄犬。

【临床症状】　出生时髋关节发育正常，一般在 4～12 月龄后出现，常出现不同程度髋关节疼痛和后肢跛行，活动量减少，步态不稳，躺下后起立困难，奔跑时表现兔子跳姿态，强烈运动后出现跛行，以后逐渐发展为后肢拖地，起卧困难，肌肉萎缩。

【诊断要点】

1. 临床症状　后肢步幅异常，走路摇摆，起立困难，不愿活动，髋关节明显疼痛，跛行，后肢不能负重，髋关节松弛，转动后肢时在髋关节感觉到“咔嚓”声响。

2. X 线检查　髋关节的髋臼窝变浅，股骨头扁平，关节间隙增宽。

【治疗方案】

处置 1　早期限制运动,控制体重,镇痛消炎。

处方 1　阿司匹林,10～50 毫克/千克体重,口服,1 次/天,解热镇痛。

处方 2　保泰松,10～20 毫克/千克体重,口服,1 次/天,解热镇痛。

处方 3　关节康(美国),5～10 毫克/千克体重,1 次/天,用于修复受损的关节。

处方 4　健骨乐(法国维克),5～10 毫克/千克体重,1 次/天,用于消炎和修复受损的关节。

处方 5　卓比林(美国),1 毫克/千克体重,1 次/天,用于消炎和修复受损的关节。

处方 6　氨苄西林钠 0.1 克,地塞米松磷酸钠注射液 0.5～1 毫克/千克体重,维生素 B_1 注射液 0.2 毫升/千克体重,维生素 B_{12} 注射液 0.1 毫克/千克体重,皮下注射。

处方 7　5%葡萄糖注射液 100～200 毫升,甲基泼尼松龙琥珀酸钠注射液 30～40 毫克/千克体重,静脉注射,1 次/天,连用 3～4 次。

处置 2　严重不能康复的病犬可进行手术疗法。常用的手术有骨盆切开术,人工假关节成形术,全髋关节置换术,但均有各自的适应证和禁忌证。

【要点总结】　①高能量、高蛋白的食物导致体重快速增长,会增加髋关节发育不良的发病率。②对于肥胖犬应限制食量和降低营养,以控制体重。③笼内限制饲养有助于疾病的恢复;另外,散步、游泳、慢跑也有利于缓解病情。

二十一、肛门腺炎

肛门腺炎是肛门囊内的腺体分泌物贮积于囊内，刺激黏膜而引起的炎症。肛门腺位于肛门两侧 8 时、4 时位置。多因长期饲喂高脂食物，肛门囊腺体分泌过剩，肛门括约肌张力减退等造成肛门囊液潴留和细菌感染引起。小型犬、猫易发。

【临床症状】 肛门呈炎性肿胀，常见舔舐肛门或擦肛、甩尾等。排便困难，不时努责，仅能排出少量干粪。挤压肛门，从肛门囊排泄管流出多量灰褐色液体。炎症严重时，肛门囊破溃，流出大量黄色稀薄分泌物，并混有脓汁，严重者形成瘘管。

【诊断要点】 肛门部红肿、疼痛、拒按，肛门囊胀满，可挤出灰色或褐色分泌物，也可挤出脓汁；肛门囊肿胀破溃后形成一个或多个窦道，流出红褐色液体。

【治疗方案】

处置 1　肛门囊冲洗法。单纯肛门囊炎排泄管阻塞时可用挤压法，排出囊内容物，然后配合全身消炎。带上橡胶手套，涂上石蜡油，食指伸进肛门，拇指在肛门外与食指配合对准肿胀的肛门囊体轻轻挤压（也可不伸入肛门，拇指、食指于肛门外挤压），将内容物挤出。对内容物硬实难以排出，可使用细小导尿管插入，再用温生理盐水冲洗，挤出内容物。对于肛门囊内化脓感染时，先将囊内脓汁排空，然后向囊内注入抗生素溶液，并进行全身抗生素治疗。

处置 2　消炎。

处方 1　氨苄西林，0.1 克/千克体重，肌内注射或静脉注射，2 次/天。

处方 2　头孢唑啉钠，0.1 克/千克体重，肌内注射或静脉注射，1 次/天。

处方 3　头孢曲松钠，0.1 克/千克体重，肌内注射或静脉注射,1 次/天。

处方 4 地塞米松磷酸钠注射液,0.5～1 毫克/千克体重,肌内注射,1 次/天。

处方 5 阿米卡星注射液 0.2 毫升/千克体重,地塞米松磷酸钠注射液 0.5～1 毫克/千克体重,交巢穴注射。

处方 6 庆大霉素注射液 1 万单位/千克体重,地塞米松磷酸钠注射液 0.5～1 毫克/千克体重,交巢穴注射。

处方 7 维生素 C 0.1 克/千克体重,肌内注射或静脉注射,溃疡或穿孔时使用。

处置 3 外科摘除术。对于肛门囊破溃,形成瘘管时,应手术切除。

术前禁食 24 小时,生理盐水灌肠,清除直肠内宿粪,将囊内脓汁排出。全身麻醉,伏卧保定,肛门周围常规消毒,用探针从囊口插入肛门囊内,从囊口切开肛门外括约肌,并向下切开皮肤,肛门囊导管和肛门囊直至囊底,暴露灰色的肛门囊黏膜。从囊底开始,在囊壁与肛门括约肌之间进行钝性分离,摘除整个肛门囊。用带有抗生素的生理盐水冲洗术部,对肛门外括约肌进行结节缝合,最后结节缝合皮肤。术后带上伊丽莎白项圈防止舔咬肛门,喂以流质食物,减少排泄,防止污染。肌内注射抗生素 5～7 天,术后 10 天拆除皮肤缝线。

【要点总结】 ①肛门腺炎主要是细菌感染性炎症,因此临床上应用抗生素进行治疗效果良好。对非破溃性肛门腺炎加入地塞米松连用 2～3 天,效果更明显。②手术摘除肛门囊时,不要损伤肛门括约肌和提举肌。③平时注意犬的饮食结构,限制肉类食物摄入,多运动,以提高免疫力。

二十二、直肠脱出

直肠脱出又称脱肛，是直肠末端的黏膜或直肠一部分或大部分经肛门向外翻转脱出，而不能自行缩回的一种疾病。主要是由于直肠韧带松弛，直肠黏膜下层组织和肛门括约肌松弛及功能不全，同时伴有强烈的努责所致。

【临床症状】 可见从肛门内脱出呈圆筒状下垂的肠管，不能自行回缩。初期直肠黏膜呈红色，随着时间的延长，肠管变成暗红色或近似黑色，水肿严重，表面出血、溃烂，并粘有污物。严重的引起溃疡甚至坏死。

【诊断要点】

1. 部分脱出 肛门口可见圆球形，颜色淡红或暗红的肿胀，排粪结束后可自行复位。

2. 完全脱出 肛门口可见圆筒状下垂的肿胀物，时间延长时水肿严重，呈暗红色或紫黑色。

【治疗方案】

处置1 直肠整复术。适用于脱出时间不长，水肿不严重，黏膜没有破损和坏死的病例。

全身麻醉，2％普鲁卡因注射液交巢穴注射。横卧或仰卧保定，后躯垫高。0.1％高锰酸钾或5％明矾溶液彻底清洗脱出的直肠，并轻轻按摩，使其变软变小。如脱出的肠管水肿严重，可用针刺水肿的直肠黏膜，并用灭菌纱布轻轻挤出黏膜中液体，涂以红霉素软膏，然后慢慢还纳肠内，直至完全送回为止。然后肛门分3点深部肌内注射75％酒精，每点2～3毫升，以防止再次脱出。对整复后仍继续脱出的病例，为防止再次脱出，将肠管还纳整复后，对肛门施行烟包缝合，中间留有1小孔，利于排便，5～7天拆线。对于顽固性直肠脱出，应进行腹腔内固定。

处置 2　直肠切除术。适用于直肠脱出时间长，黏膜水肿，严重坏死病例。

全身麻醉，腹卧保定，后躯抬高。0.1％高锰酸钾溶液清洗肛门周围和脱出的肠管，在直肠基部靠近肛门健康直肠黏膜处取 2 根针灸针十字交叉刺穿肠管全层将其固定，在固定针后约 2 厘米处将脱出的坏死肠管环形横切，充分止血。全层结节缝合断端的两肠管，缝线必须穿过黏膜组织，以确保固定强度。缝合完毕，0.1％高锰酸钾溶液冲洗，拆除固定针，将吻合的肠管还纳至肛门内。肛门做烟包缝合，留有排便缝隙。术后禁食 2～3 天，静脉补充营养物质和消炎治疗。

【要点总结】　①注射酒精的作用是引起局部无菌性炎症，起到固定提高局部温度，防止努责的作用。②做烟包缝合时要适度，缝合不宜太小，以免影响排泄粪便。③手术切除坏死肠管时，必须切至健康肠管，以利于肠管愈合。④术后喂以流质食物，每天口服 10～15 毫升液状石蜡或植物油，润滑肠管，减少努责。

二十三、趾间囊肿

趾间囊肿是一种慢性炎症过程，临床上并不表现明显囊肿，而是以肉芽肿为特征的多形小结节，有时也称趾间脓皮症。

【临床症状】　早期并无明显表现，随着病情加重，病犬反复舔舐脚趾被人发现；大多在 3～4 趾间形成结节，光亮，有时破溃，流出血样渗出物，时间较长时，患部被毛呈棕褐色。

【诊断要点】

1. 临床症状　两脚趾间有明显的红色结节状突起，有时结节破溃，从结节内流出红褐色液体，病犬不断舔咬。

2. 鉴别诊断　诊断本病时，发病原因要考虑周全，有时是异物性囊肿，有时是细菌性囊肿，有些是变态反应性囊肿，据笔者临床经验，多数为化脓菌引起的囊肿，严重时可发生于多个趾间。

【治疗方案】

处方 1　头孢拉定，50～100 毫克/千克体重，注射用水 3～4 毫升，溶解后皮下注射。

处方 2　皮炎平乳膏，1～2 支，患部涂擦。

处方 3　恩诺沙星注射液，0.1 毫升/千克体重，皮下注射。

处方 4　糜蛋白酶粉，1～5 毫克/千克体重，注射用水 1～2 毫升，溶解后皮下注射。

处方 5　头孢曲松钠，0.1 克/千克体重，注射用水 3～4 毫升，利多卡因注射液 0.1～0.3 毫升，皮下注射。

处方 6　糜蛋白酶粉，1 支，囊腔内注入。

处方 7　透气纱布，2～3 块，患部包裹。

【用药分析】　①对该病治疗应抓住两点：第一，用药量要大，用药时间要长；第二，防止病犬舔舐患部。②大剂量多途径使用抗菌药对该病有较好治疗作用，同时监护肝、肾功能；或在用药过程中同时加注保肝保肾药以减少消炎药的不良反应。③犬口腔中有大量细菌，经常舔舐患部会延缓该犬痊愈，用纱布包裹患趾对该病有较好治疗作用，但应选择透气性较好的纱布单层或双层包裹。④糜蛋白酶可迅速溶解肉芽组织，对囊肿内肉芽有快速清除作用，笔者选择一半注射，一半填入囊腔内疗效较好。

【要点总结】　①该病为局部炎症，不影响犬的精神和食欲。②疗程一般为 15～20 天。③笔者利用患趾穿袜子方法治疗趾间囊肿取得较好效果（袜子应薄，透气性好，固定袜子的橡皮筋不能过紧，以保证患肢血液通畅）。④因趾间囊肿涉及多个关节，尤其是关节囊（同时患肢着地容易污染），因此手术治疗趾间囊肿时应保护好关节囊。

第六章 宠物产科疾病

一、阴道炎

阴道炎是指母犬、猫阴道和阴道前庭黏膜的炎症,主要由损伤和感染引起。本病多发于母犬,猫一般少见。

【临床症状】 病犬、猫烦躁不安,不时舔其外阴,可见阴道黏膜肿胀、充血,并有黏液性或脓性分泌物排出,散发出一种能吸引公犬的气味,引起公犬爬跨,常被误认为发情。

【诊断要点】

1. 实验室检验 分泌物镜检,可见大量脓细胞及上皮细胞,血象和生化指标一般正常。

2. 鉴别诊断 阴道炎与外阴炎症状相似。外阴炎的症状有阴门排出脓性分泌物,病犬不安,弓背,频频排尿,伴有呻吟,阴唇肿胀,多数病犬因疼痛而拒绝检查外阴,阴门周围常被分泌物污染而诱发皮炎。原发性阴道炎多表现为性成熟前病犬阴道持续流出大量脓性分泌物;而继发性阴道炎除可见阴道流出异味分泌物外,病犬常舔舐外阴,并有尿频与少尿症状,阴道检查,可见阴道黏膜充血肿胀。外阴炎与阴道炎的其他全身症状不明显。

【治疗方案】

处方 1 0.1%高锰酸钾溶液,冲洗阴道,1 次/天,直至分泌物消失。

处方 2 0.1%雷佛奴尔溶液 100～200 毫升,冲洗阴道,1 次/天。

处方 3　甲硝唑注射液，100～200 毫升，冲洗阴道，1 次/天。

处方 4　红霉素软膏，注入阴道内，1 次/天，连用 7 天。

处方 5　洗必泰栓剂或妇炎灵胶囊，塞入阴道内，1 次/天，连用 7 天。

处方 6　氨苄西林，50～100 毫克/千克体重，皮下或肌内注射，2 次/天，连用 7～10 天。

处方 7　头孢唑林钠 50～100 毫克/千克体重，皮下或肌内注射，1 次/天，连用 7 天。

处方 8　生理盐水 100～200 毫升，头孢曲松钠 100 毫克/千克体重，静脉注射，1 次/天，连用 7 天。

【用药分析】 阴道用药可减轻局部炎症，配合全身应用抗生素能很好地控制阴道炎症。少数病例在停药后还有可能复发，因此治疗时用药时间应适当延长，阴道分泌物消除后至少继续用药 5～7 天。

【要点总结】 性成熟前的阴道炎常会随着第一个发情期的到来而自愈，所以不需治疗。对于因交配不洁，分娩时感染以及继发子宫、膀胱、尿道前庭感染等引起的继发性阴道炎则需进行抗菌消炎治疗。

二、阴道增生

阴道增生是指母犬、猫阴道及外阴部黏膜水肿和增生，并向后脱出阴门或阴门外的一种常见生殖道疾病。主要因雌激素过度刺激所致，多发于发情前期和发情期的青年母犬、猫。

【临床症状】 初期阴唇肿胀充血，病犬不时舔舐阴部。以后阴部底壁出现大小不一圆球状增生物，表面光滑，有的有皱褶。

【诊断要点】

1. 病史　常见于发情前期和发情期，其他时间少见。

2. 临床症状　阴道内球状增生物，表面光滑，质地较硬。

【治疗方案】

处方 1　甲地孕酮，2～3 毫克/千克体重，口服，1 次/天，连用 7 天。

处方 2　黄体酮，2～5 毫克/千克体重，肌内注射，1 次/天，连用 7 天。

处方 3　睾丸酮，10 毫克，肌内注射，1 次/天，连用 7 天。

【用药分析】　对于增生物较小的病例，不影响交配时，采用甲地孕酮或黄体酮等以抑制雌激素过度分泌，减轻发情症状，促进增生物消退。对于增生物较大的病例，宜进行手术切除，术后同时配合口服拮抗雌激素制剂（如甲地孕酮），以减少术后发病率。

【要点总结】　犬、猫阴道增生与发情有关，发情时雌激素分泌过多，导致阴道底壁黏膜水肿，过度增生，并向后脱垂所致。

三、子宫内膜炎

子宫内膜炎是指子宫黏膜及黏膜下层的一种急性或慢性炎症。多因分娩或产后子宫内膜发生细菌感染所致。

【临床症状】　急性病例体温升高（39.5℃～40.5℃），食欲减少，饮欲增加。常努责，从阴门排出含有絮状物的白色分泌物。慢性病例一般无全身症状，持续或间歇从阴门流出分泌物。

【诊断要点】

1. 病史　母犬经常舔舐外阴。

2. 临床症状　外阴部有脓性分泌物流出，有时带血。

3. 镜检　分泌物染色镜检有大量白细胞、细菌、上皮细胞等。

【治疗方案】

处方 1　生理盐水冲洗子宫，1 次/天，直到排出透明液体为止。

处方 2　0.1%高锰酸钾溶液，冲洗子宫，每天或隔天 1 次。

处方 3　0.1%雷佛奴尔溶液，冲洗子宫，每天或隔天 1 次。

处方 4　青霉素钠 40 万～80 万单位，硫酸链霉素 50 万～100 万单位，生理盐水 20～40 毫升，子宫灌注，1 次/天，连用 5～7 天。

处方 5　宫炎净或宫净康溶液，子宫灌注，1 次/天，连用 3 次。

处方 6　乙烯雌酚注射液 0.5～1 毫克，肌内注射，1 次/天，连用 2～3 次。

处方 7　缩宫素注射液 5～20 单位，肌内注射，1 次/天，连用 3 天。

处方 8　生理盐水 100～200 毫升，头孢曲松钠 100 毫克/千克体重，静脉注射，1 次/天，直至痊愈。

处方 9　生理盐水 100～200 毫升，头孢哌酮钠 100 毫克/千克体重，静脉注射。

处方 10　盐酸左氧氟沙星氯化钠注射液，5～10 毫升/千克体重，静脉注射。

【用药分析】　①首先肌内注射乙烯雌酚 0.1 毫克/千克体重，让子宫口开张，便于分泌物排出。第二天再注射子宫收缩药，如缩宫素 1 单位/千克体重、垂体后叶素 1 单位/千克体重。可使子宫内的炎性分泌物充分排出。②急性病例采用局部冲洗与全身抗菌消炎相结合的方法进行治疗，效果良好；对于慢性子宫内膜炎病例有时需要长期抗生素治疗。治愈后的母犬、猫应隔 1 个发情周期再行配种，配种前 1 周应用抗生素冲洗子宫 2～3 天，以提高受胎率。对治疗无效的病例应进行子宫切除。

【要点总结】　①子宫内膜炎的发生与病原菌感染关系密切。正常情况下，子宫内含有大量的有益菌群，同时也存在一些内源性病原菌，当机体受到各种因素（交配、分娩等）刺激时，机体抵抗能力下降，这些内源性病原菌就大量繁殖并毒力增强，从而引起子宫内膜炎的发生。②母犬、猫产后立即注射 1 次缩宫素以促进子宫内残留物排出，促进子宫复原，同时肌内注射抗生素5～7天，可有效防止产后子宫内膜炎的发生。③对于治疗无效的病例，应考虑卵巢子宫切除术。

四、子宫蓄脓

子宫蓄脓是指子宫内蓄积大量的脓性分泌物并伴有子宫内膜增生性炎症。主要与内分泌失调、微生物感染有关。一般老龄犬、猫多发。

【临床症状】　病初一般无临床症状或症状不明显，以后出现食欲减退或不食，渴欲增强，有的呕吐，体温正常或升高，从阴门流出大量黄绿色、黏稠、腥臭的脓汁。子宫颈闭锁时腹部膨胀，触诊敏感，能摸到扩张的子宫角。

【诊断要点】

1. 鉴别诊断　对于闭锁型子宫蓄脓，在炎症后期能触摸到粗大的子宫，宠物主人往往误认为妊娠；对于开放型子宫蓄脓，可见有大量红褐色脓性分泌物从外阴部流出，病犬经常舔舐外阴，宠物主人往往误认为发情。

2. 血常规检验　白细胞增高，白细胞杆状核比例增高。

3. B超检查　可见子宫内的液性暗区。

【治疗方案】

处方1　乙烯雌酚注射液，0.1～0.2毫克/千克体重，肌内注射。

处方2　雌二醇注射液，0.1～0.2毫克/千克体重，肌内注射。

处方3　前列腺素注射液，0.5～0.8毫克，肌内注射，1次/天，连用3～5天。

处方4　缩宫素注射液，10～20单位，肌内注射。

处方5　垂体后叶素注射液，10～20单位，肌内注射。

处方6　0.1%雷佛奴尔溶液，子宫冲洗。

处方7　青霉素钠40万～80万单位，硫酸链霉素50万～100万单位，生理盐水100～200毫升，混合后子宫冲洗。

处方8　生理盐水，100～200毫升，头孢哌酮舒巴坦钠100毫克/千克体重，静脉注射。

处方9　盐酸左氧氟沙星，3～5毫克/千克体重，静脉注射。

【要点总结】 ①子宫蓄脓是犬、猫产科疾病中危害较大、较为常见的疾病之一。常用的方法有保守疗法和手术疗法。其中手术疗法是最快捷最有效的方法。当畜主不能接受或欲保留犬、猫的生育能力时，保守疗法则成为代替手术的有效方法。保守疗法一般采用扩宫、排脓、冲洗、消炎等措施，有一定疗效，但效果不确实，易复发。②犬、猫子宫蓄脓有开放型和闭锁型两种，当采用保守治疗法进行治疗时，无论是开放型子宫蓄脓还是闭锁型子宫蓄脓，均应先使用药物使子宫颈扩张，然后再使用缩宫药促使脓汁排出。③年老体弱犬、猫在进行手术之前，应调整水、电解质平衡，适时输糖补液，改善体况，提高机体对手术的承受能力，降低手术风险。老龄犬、猫心肺功能差，麻醉时剂量宜小。手术中切除子宫时应防止脓液污染腹腔引发腹膜炎。

五、子宫脱出

子宫脱出是指母犬、猫子宫角与子宫体脱出于阴门外的一种病症。多因母犬、猫体质虚弱，分娩过度努责，助产不当引起。

【临床症状】 从阴门脱出呈椭圆形的袋状物，呈管状悬垂于阴门外，脱出物初呈红色，表面光滑，以后黏膜水肿、充血，甚至干裂，颜色呈暗红色或紫色。

【诊断要点】

1. 临床症状　阴门内脱出长圆形桶状物，表面光滑，粉红。

2. 鉴别诊断　应注意与阴道脱出相区别，单纯阴道脱出的外观呈球形囊状，表面光滑，体积较小。

【治疗方案】

处置　对于子宫脱出宜尽早复位。

1. 麻醉　速眠新或犬眠宝常规量麻醉，呈前低后高位保定。

2. 清理子宫　0.1%高锰酸钾溶液进行子宫冲洗，清除异物、淤血，2%明矾溶液湿敷，消除水肿。如子宫坏死应切除。

3. 整复子宫　慢慢向腹腔内推送进行复位。整复后向子宫内注入抗生素，阴门上缝1～2针或交巢穴注射普鲁卡因，以防止子宫再次脱出。

4. 收缩子宫　子宫整复后，肌内注射缩宫素。

5. 消炎　氨苄西林钠或头孢菌素，肌内注射，每天1次，连用3～5天。

【要点总结】　①子宫脱出常在分娩后24小时之内子宫颈尚未缩小和胎盘还未排出时发病，开始一般无全身症状，时间长时可导致子宫出血、坏死，甚至感染引起败血症，因此应及早整复。整复前子宫清理要干净，黏膜水肿要清除，破损较大的创面要缝合。对脱出时间长，坏死严重，整复后有引起全身感染而导致死亡危险时，可将子宫切除。②整复后1周内应加强饲养管理，喂给易消化的食物，以防因便秘造成努责，引起子宫再度脱出。整复后为防止发生子宫炎和全身感染，应进行子宫局部消炎和全身抗感染疗法。

六、卵巢囊肿

卵巢囊肿包括卵泡囊肿和黄体囊肿。卵巢组织中未破裂的卵泡或黄体，因其本身发生变形和萎缩，形成一球形空腔，称为囊肿，前者称为卵泡囊肿，后者称为黄体囊肿。卵泡囊肿是由卵泡上皮变性，卵泡壁结缔组织增生变质，卵泡死亡，卵泡液未被吸收或增生而形成。黄体囊肿由未排卵的卵泡壁上皮细胞黄体化而形成，故又称为黄体化囊肿。

【临床症状】 卵泡囊肿的犬、猫性欲亢进，频繁或持续发情，阴门红肿，有时爬跨公犬、猫即所谓的慕雄狂状态。精神急躁，行为反常，甚至攻击主人。黄体囊肿的母犬、猫性周期完全停止，表现为长期不发情。

【诊断要点】

1. 临床症状 黄体囊肿时性周期完全停止，大的卵巢囊肿，能形成可触知的腹部团块。

2. 特殊检查 如囊肿较大，腹部X线摄片检查，可显示肾后液体密度的团块。B超检查，肾后区卵巢位置可见局限性液性暗区(囊肿)。

3. 鉴别诊断 注意与多囊肾、肾上腺和肾的肿瘤、卵巢肿瘤及其他腹部团块鉴别诊断。

【治疗方案】

处方1 促黄体素注射液，1毫克，皮下或肌内注射，1次/天，连用7天。

处方2 绒毛膜促性腺激素注射液，50～100单位，肌内注射，2次/周，连用4～6周。

处方3 黄体酮片，2～5毫克，口服，每天或隔天1次，连用2～5次。

处方4 羟基孕酮片，3～5毫克/千克体重，口服。

处方5 前列腺素注射液，1～2毫克，肌内注射，1次/天，连用2天，主要用于黄体囊肿。

【用药分析】 ①多数卵泡囊肿，不经治疗可在数月内自然消失。②手术摘除卵巢子宫是本病的根治方法，如果囊肿限于一侧卵巢，则切除患侧卵巢可取得良好效果。

【要点总结】 ①卵巢囊肿多因促性腺激素分泌紊乱而引起。

②食物中缺乏维生素 A、维生素 E、运动不足也可引起本病。③注射大量的孕马血清促性腺激素可引发本病。④可继发于子宫、输卵管、卵巢的炎症。

七、假孕

假孕是指未经配种或配种后未妊娠的母犬出现妊娠症状。多与排卵后黄体持续分泌孕激素和少量雌激素使子宫内膜和乳房发育有关。

【临床症状】 出现类似妊娠和泌乳现象，腹围逐渐增大，阴唇充血肿胀，乳房胀大，乳头可挤出浆液性乳汁或自行漏乳。后期行为发生变化，厌食，筑窝，不安，攻击性强等。出现围产症状 1～2 周，腹部乳房缩小，假孕结束。

【诊断要点】 母犬腹围轻度增大，乳头可挤出乳汁，有些母犬在暗处做窝，出现临产征兆，但最终没有胎儿产出。

【治疗方案】

处方 1　甲基睾丸素片，1～2 毫克/千克体重，口服，1～2 次/天，连用 2～3 天。

处方 2　睾丸酮注射液，1～2 毫克/千克体重，肌内注射，1 天/次，连用 3 天。

处方 3　甲地孕酮片，2 毫克/千克体重，口服，1 次/天，连用 5～7 天。

处方 4　前列腺素注射液，1～2 毫克/次，肌内注射。

【要点总结】 ①一般认为，黄体活性的延长是引起假孕征象的原因。②轻症病例无需治疗。重症的犬可用甲基睾丸素和乙烯雌酚治疗，两种药物联合应用效果较好。③药物治疗无效时，应施行卵巢子宫全切术。

八、难 产

难产是犬、猫在分娩过程中不能顺利将胎儿产出。发生难产的原因有母体和胎儿两方面的因素。

【临床症状】 母犬、猫分娩时，羊水已经流出，频频努责，但不见胎儿产出，或产出1个胎儿后，经过2小时还不见其他仔犬产出，母犬、猫起卧不安，表情痛苦；妊娠期超过70天，胎儿仍不能正常产出，从阴门流出绿色分泌物，恶臭，而未见胎儿排出，均可能是难产。

【诊断要点】 母犬反复努责，而无力产出超过2小时；羊膜外露，羊水流出，子宫未发生阵缩。

【治疗方案】

处置1 产力性难产。对于母犬、猫阵缩和努责微弱引起的难产，助产时先用乙烯雌酚0.5～1毫克或雌二醇1～2毫克肌内注射，以促进子宫颈扩张，再采用促进子宫收缩的药物如缩宫素5～10单位或垂体后叶素5～10单位肌内注射，一般5分钟后子宫收缩加强，可持续30分钟左右。

处置2 产道性难产。多因产道狭窄，骨盆小，及早采取剖宫产较为理想。

处置3 胎儿性难产。如胎儿过大，头已进入产道但不能自行娩出，可采取牵引术，对死胎可进行截胎术，若难以奏效，应及早采取剖宫产术。

【要点总结】 ①发生难产的原因较多，主要有产力性难产、产道性难产和胎儿性难产等。产力性难产往往注射缩宫素即可见效，但应用缩宫素类药物时，子宫颈必须完全扩张，若子宫颈未充分扩张或子宫狭窄、胎位不正时禁止使用缩宫素，以免引起子宫破裂。可先使用乙烯雌酚或雌二醇，加强子宫壁对缩宫素的敏感性和促进子宫颈扩张。②产道性难产和胎儿性难产宜及早进行剖宫产。

九、乳腺肿瘤

乳腺肿瘤是犬、猫常见的肿瘤，多见于中老年母犬、猫。激素对肿瘤的发生和形成起着重要的作用，使用外源孕激素可引起肿瘤的发生。

【临床症状】 初期病灶较小时，不易被发现，随着时间的延长，可见乳房及周围皮下出现大小不等、形状不一的局限性肿胀，触之较硬，无疼痛反应。

【诊断要点】 乳腺体积增大、触之坚硬但无热、无痛，可做出初步诊断，乳腺及周围有多数结节状突起。

【治疗方案】

处置　乳腺肿瘤的治疗以外科手术为主，化疗和放疗临床效果均不理想。

手术方法　全身麻醉，仰卧保定，术部剪毛消毒，固定创巾，沿肿瘤基部环形切开皮肤，钝性剥离四周及背面组织，肿瘤基部血管结扎，然后摘除瘤体，用生理盐水冲洗创腔，撒布消炎药水，修整皮肤进行结节缝合，术后注射抗生素，每天1～2次，连用4～5天，术后7天拆线。

【要点总结】 ①外科手术是治疗乳腺肿瘤最好的方法，由于乳腺肿瘤犬、猫多数是老龄犬、猫，因此手术前应注意患病动物健康状态，尽可能减少麻醉药的用量，手术时应充分止血，切除肿瘤要彻底，防止遗漏，术后要切实做好消炎护理工作。②在犬、猫乳腺瘤中，有40％～50％为良性肿瘤。良性肿瘤一般生长速度慢，肿块呈球形放射状，向外突出形似鸡蛋或较大的马铃薯状。恶性肿瘤生长速度快，数十天至数月，边界不清，肿块底部有根蒂向腹肌或腹部延伸，肿瘤可能发生肺转移，显示为边界清晰的结节、模糊的间质结节或无肺转移病灶的胸腔积液。对于恶性肿瘤，手术切除肿瘤的同时，还要摘除卵巢、子宫及腹股沟淋巴结，以延缓术后肿瘤细胞的转移。良性肿瘤切除后也可能再次复发，但再次手术摘除对病犬无不良影响。

十、产后抽搐症

产后抽搐症是母犬、猫分娩后的一种严重代谢性疾病。分娩后的母犬、猫由于大量的泌乳导致母体血钙流失过多，血钙浓度急剧下降所致。

【临床症状】 发病突然，全身阵发性抽搐，四肢游泳状划动，抽搐时间长时四肢僵直，张口喘气，呼吸困难，走路摇摆，站立不稳或卧地不起，体温升高。

【诊断要点】

1. 临床症状 病初母犬运步蹒跚，流涎，呻吟，步态强拘；随后全身肌肉震颤，颈和腿伸直，全身僵直，卧地不起，呼吸急促，脉搏加快，体温升高（40℃以上），可视黏膜充血，眼球向上翻动，口角常附有白色泡沫，如不及时治疗，可于1～2天后窒息死亡。

2. 血钙测定 血钙浓度降为8毫克/100毫升，严重者只有6～7毫克/100毫升或更低（正常母犬血钙浓度为9～12毫克/100毫升）。

【治疗方案】

处方1 10%葡萄糖100～200毫升，10%葡萄糖酸钙注射液10～30毫升，静脉注射，1次/天，连用2～3天。

处方2 维生素D_2果糖酸钙注射液1～2毫升，皮下或肌内注射。

处方3 维生素D_3注射液，5万～20万单位，肌内注射。

处方 4　宠物专用钙片，口服，1～2 次/天。

处方 5　安定注射液，0.3 毫克/千克体重，肌内注射。

处方 6　氯丙嗪注射液，1～2 毫升/千克体重，肌内注射。

处方 7　氨苄西林，0.5～1 克，肌内注射或静脉注射。

处方 8　头孢唑啉钠，0.5～1 克，肌内注射或静脉注射。

【用药分析】　①对单纯使用葡萄糖酸钙效果不佳或持续痉挛的犬、猫，可静脉注射戊巴比妥钠 10～20 毫克/千克体重，或硫喷妥钠 15～18 毫克/千克体重；也可口服强的松龙 0.5 毫克/千克体重，每天 2 次。②立即（或尽量提前）给仔犬断奶，进行人工哺乳；立即断奶困难者，也应严格控制仔犬的吃奶量，做到逐次逐日地减少，直至断奶。③在妊娠后期、哺乳期增加日粮中钙的含量，供给含有适量钙、维生素 D、矿物质和能量平衡的日粮，适量增加户外运动及多晒太阳，可有效预防本病的发生。

【要点总结】　①母犬、猫产后血钙浓度急剧下降是引起本病的直接原因。据临床观察，长期以肉食和动物肝脏为主食的小型犬、猫发病较多。正常情况下，肉食的钙磷比例为 1∶20，犬、猫食物中钙磷最适宜比例为 1.2～1.4∶1，因此长期以肉食为主的犬食物中的钙磷比例严重失衡，造成机体长期缺钙状态，动物肝脏富含维生素 A，大量的维生素 A 阻止了维生素 D 的吸收，使犬、猫体内钙的吸收受到影响，导致了低血钙的发生，因而长期饲喂鸡肝和鸭肝的犬、猫容易发病。②补钙是本病的特效疗法，只需及时补充足量的钙剂，即可一次性控制本病。病情控制后，母犬与仔犬应施行断奶，进行人工喂养，以免病情复发。

十一、乳房炎

为一个或多个乳头的炎症过程，按病程分为急性和慢性乳房炎；急性乳房炎多由化脓菌引起，慢性乳房炎多由乳汁滞留刺激乳腺所致。

【临床症状】 早期并无明显临床表现，随着炎症进一步扩散，乳房胀大，坚硬，时有痛感，乳汁浑浊有絮状物，严重时拒食和发热。

【诊断要点】 乳房胀硬和疼痛是诊断该病的重要依据，应从各方面查找原因，对症下药。早期多表现为食欲减退，烦躁，拒喂仔犬，严重时当场咬死仔犬，炎症进一步发展表现为拒食、不愿躺卧、精神较差、发热，主人往往此时才发现。有些表现乳腺内结节状肿块，病犬因疼痛会蹭磨和反复舔舐患部皮肤，有时乳腺皮肤破溃，流出血样渗出物。

【治疗方案】

处方 1　阿莫西林胶囊，0.01～0.05 克/千克体重，口服，连用 3～5 天。

处方 2　克拉维酸钾阿莫西林，10～25 毫克/千克体重，皮下注射。

处方 3　恩诺沙星注射液，0.01～0.05 毫升/千克体重，皮下注射。

处方 4　生理盐水 100～300 毫升，头孢曲松钠 0.05 克/千克体重，静脉注射。

处方 5　95％酒精 500 毫升，精制樟脑块 15～30 克，混合充分溶解，患部涂搽，每天 2 次，连用 5～10 天。

处方 6　生理盐水 100～300 毫升，头孢噻呋钠 0.02 克/千克体重，静脉注射。

处方 7　盐酸左氧氟沙星，3～5 毫克/千克体重，静脉注射。

处方 8　热毛巾患部热敷，每次 20 分钟，每天 3～5 次。

【用药分析】 ①静脉输液和外敷是治疗乳腺炎的较好方法，输液时应考虑恩诺沙星注射液和左氧氟沙星的过敏现象。②过多使用消炎药会使乳汁中含有抗生素，仔犬吃了含有大量抗生素的乳汁会破坏仔犬已经建立的肠道菌群，使仔犬腹泻，这一点应向宠物主人说明。若仔犬有3周龄左右建议用婴幼儿奶粉或犬专用奶粉代替母乳。③两种不同作用消炎药配合注射，疗效较好，同时应叮嘱宠物主人坚持热敷和患部涂抹，一般经5～7天治疗即可痊愈。④若仔犬刚出生，还未完全吃够初奶，应选择健康乳房吃奶，仔犬腹泻时可口服婴儿用的思密达粉。

【要点总结】 ①乳房炎严重时应挤出乳汁，减少疼痛，外涂鱼石脂或樟脑酒精合剂。②局部普鲁卡因青霉素封闭疗法可有效治疗乳房炎，但应用时应消毒严格，封闭后避免病犬反复舔舐。③哺乳母犬患乳腺炎时，若无特殊情况，应尽量避免仔犬继续吃奶。④炎症时间较长时可出现乳腺组织增生，这时可行乳腺组织切除术。

十二、产后败血症

产后败血症是由子宫或阴道严重感染而继发的一种全身性疾病，主要是局部炎症感染扩散，使细菌进入血液并产生毒素所致。

【临床症状】 临床上呈现严重的全身症状，精神不振，食欲废绝，呼吸快而浅表，体温升高40℃以上，呈稽留热。畏寒，口渴喜饮，四肢末端发凉，阴户肿胀，流出恶臭褐色液体，伴发腹泻、血便、腹膜炎、乳房炎等，后期四肢无力，虚弱而亡。

【诊断要点】 有明显的休克症状，抽血部位血管凝血时间延长，血液凝固不良。

【治疗方案】

处方1　青霉素钠40万～80万单位，硫酸链霉素50万～100万单位，生理盐水20～40毫升，子宫灌注。

处方2　缩宫素或垂体后叶素注射液10～20毫升，肌内注射。

处方3　生理盐水100～200毫升，头孢噻肟钠0.2克/千克体重，静脉注射。

处方4　生理盐水100～200毫升，头孢拉定0.2克/千克体重，静脉注射。

处方5　盐酸左氧氟沙星，3～5毫克/千克体重，静脉注射。

处方6　克林霉素磷酸酯葡萄糖注射液，10～20毫克/千克体重，肌内注射。

处方7　5%葡萄糖注射液100～200毫升，ATP、CoA、维生素C、肌苷等静脉注射。

【用药分析】　①补充能量合剂，维持水、电解质平衡和酸碱平衡有利于增强机体抵抗能力，促进血液中有毒物质排出。②治疗过程中抗生素剂量不足或断续治疗可能造成病灶转移，使治疗失败。

【要点总结】　产后败血症是局部炎症感染，使细菌进入血液并产生毒素的全身性感染，感染的病原菌通常有溶血性链球菌、葡萄球菌、化脓性棒状杆菌和梭状芽胞杆菌等，而且在临床上常为混合感染。因此，一旦发病要及时应用大量的抗生素，消灭侵入体内的病原微生物，必要时采用抗生素二联甚至三联用药。

十三、睾丸炎

睾丸炎是指雄性睾丸及附睾的炎症，睾丸炎按病性可分为非化脓性和化脓性炎症；按病程可分为急性和慢性两种，急性伴有睾丸化脓、脓肿、患部破溃形成瘘管。慢性炎症为睾丸完全萎缩、变硬及纤维变性，睾丸不能自由移动。

【临床症状】

1. 急性睾丸炎　病犬精神不振，体温升高，步态强拘并不时舔舐阴部。阴囊红肿发热，睾丸肿胀、发硬，严重时可伴有睾丸化脓、脓肿、患部破溃形成瘘管。

2. 慢性睾丸炎 睾丸硬固，变小或不规则，热痛不明显，睾丸与总鞘膜粘连。

【诊断要点】 阴囊局部肿胀、发红、疼痛、增温，病犬经常舔舐阴囊部皮肤。

【治疗方案】

处方1 氯化铵和硫酸钠溶液加冷水局部冷敷，2～3次/天，每次30分钟，适用于发病24小时内，局部红肿期。

处方2 鱼石脂软膏，涂于患部，用于发病24小时或转为慢性病例。

处方3 青霉素钠粉，40万～50万单位，婴儿爽身粉适量撒于阴囊表皮上，用于阴囊表面有渗出物时。

处方4 0.5%普鲁卡因注射液，2～5毫升，青霉素钠20万～40万单位阴囊内注入，减轻局部疼痛。

处方5 氨苄西林，0.1克/千克体重，肌内注射，2次/天，连用1～2周。

处方6 头孢曲松钠，0.1克/千克体重，肌内注射或静脉注射。

处方7 维生素C，0.05～0.1克/千克体重，肌内注射或静脉注射。

【用药分析】 ①犬、猫睾丸炎一般采用局部封闭，全身消炎控制感染为治疗原则，无效者实施去势术。②有创伤或发生化脓破溃的，应做清创术和创伤治疗。

【要点总结】 ①发生睾丸炎时，应防止病犬舔舐患处，以免引起阴囊皮炎或阴囊破溃，造成久治不愈。②加强饲养管理，防止剧烈运动。

第七章　宠物营养代谢性疾病

一、低血糖症

低血糖症是由多种原因引起的血糖浓度过低所致的综合征，常见于幼龄犬、猫和产后哺乳母犬。

【临床症状】 发病犬、猫精神沉郁，四肢软弱无力，甚至卧地不起；食欲减退或废绝，呈现全身性或局部性神经症状，肌肉抽搐，共济失调，惊厥，反射功能亢进，全身癫痫样发作，体温41℃以上。幼龄犬、猫发病时站立不稳，步态蹒跚，随即全身肌肉阵发性痉挛，体温下降至37℃以下，甚至昏迷死亡。

【诊断要点】

1. 临床症状 母犬和幼龄犬、猫表现神经症状，结合输糖补液后恢复正常可做出诊断。

2. 血糖测定 血糖浓度明显降低至30毫克/毫升以下即可确诊，正常血糖浓度为60～100毫克/毫升。

【治疗方案】

处方1　10%～25%葡萄糖注射液5～10毫升/千克体重，ATP 10～20毫克，维生素C注射液0.25～0.5克，肌苷注射液50～100毫克，静脉注射，每天1次，连用2～3天。

处方2　地塞米松磷酸钠注射液，0.25～1毫克/千克体重，肌内注射或静脉注射。

处方3　氢化可的松注射液，2～5毫克，静脉注射。

处方4　葡萄糖粉，20～50克，加温水溶解，口服。

处方 5　白砂糖，20～50 克，加温水溶解，口服。

【用药分析】　①先以高糖缓解低血糖症，再用等渗糖盐水或能量合剂维持体质，最后输注能提高血浆胶体渗透压的血浆或白蛋白，避免持续补充高糖引起脱水甚至休克。②对于幼龄犬低血糖症，在输糖同时，应防寒保暖，防止体温下降。③对于治愈的低血糖幼龄犬，为防止复发，可少量多次喂给高营养食物如营养膏等。④注射糖皮质激素可提高机体对低血糖的耐受性，同时也可防止休克发生。

【要点总结】　①长期低血糖症，可导致大脑细胞的不可逆损伤；严重低血糖，可导致宠物的急性死亡。②要把血糖浓度调整到正常水平，是一个极其复杂的过程，它牵涉肠管的吸收，肝脏的功能以及外周对葡萄糖的利用等。③低血糖有暂时性和持久性之分，暂时性低血糖多发生于哺乳母犬、新生仔犬、超负荷工作犬和胰岛素使用过量等，持久性低血糖多发生于断奶前后的玩赏犬和小型犬，以及继发于内脏器官的各种癌症，如胰腺癌、肝癌、肺癌等。

二、维生素 A 过多症

维生素 A 过多症又称维生素 A 中毒，是因长期饲喂含大量动物肝脏的食物或过量的维生素 A。临床上主要以跛行、四肢关节肿胀和疼痛为特征。

【临床症状】　病犬出现食欲减退，感觉过敏，全身震颤，尿失禁及便秘等。由于骨质疏松，颈椎和前肢关节周围生成外生性骨疣使颈部发硬，前肢肘部及腕部骨骼融合，出现四肢肿胀、疼痛、跛行。长期病例可出现头颈僵直，肋骨骨质增生，常呈蹲坐姿势。

【诊断要点】

1. 病史　根据病犬长期饲喂动物肝脏或含维生素 A 的药物，

结合临床表现可作出初步诊断。

2. 鉴别诊断 临床上应注意与维生素B缺乏症和痛风症相区别。

3. X线检查 可看到以颈椎及前部胸椎为中心的广泛性骨质增生和椎骨融合，长骨弯曲变形，骨密度降低，皮质变薄，呈类似骨质疏松症。

【治疗方案】

处方1 醋酸生育酚注射液，0.08毫升/千克体重，肌内注射，隔日1次。

处方2 地塞米松磷酸钠注射液，0.5～1毫克/千克体重，肌内注射，每天1次，连用3～5天，以减轻疼痛。

处方3 肝泰乐注射液，1～2毫升/次，肌内注射。

处方4 安痛定注射液，1～2毫升，肌内注射，每天1次，连用3天。

处方5 维生素E胶囊，5～10毫克/次，口服，每天1次。

处方6 维生素D溶液，10万～30万单位/次，口服，每天1次。

【用药分析】 ①维生素D和维生素E能降低维生素A的毒性，这是由于脂溶性维生素在吸收过程中存在着拮抗作用的结果。②立即停喂维生素A含量高的食物，同时大量补充维生素D，可获一定效果。

【要点总结】 ①病犬、猫维生素A中毒后，其体质恢复时间较长，甚至终身残疾，对此应与宠物主人讲明。②加强护理，使病犬、猫保持安静，避免长期大量饲喂动物肝脏和鱼肝油等含维生素A药品。

三、佝偻病

佝偻病是因维生素D缺乏，而使钙、磷代谢失常，钙不能正常吸收，沉积在骨骼而发生病变的一种疾病。

【临床症状】　患先天性佝偻病的犬、猫出生后骨质软弱，肢体有异常弯曲，出生数天仍不能站立。后天性佝偻病往往被忽视，直至关节、肢体变形后才引起注意。病初精神不振，食欲减退，消化不良，逐渐消瘦，生长缓慢；中期发生异嗜，喜舔食泥土、石块、垃圾等，表现腹泻和便秘等消化障碍。四肢关节疼痛，运动时四肢僵硬，屈伸不灵活，出现跛行或卧地不能站立。

【诊断要点】

1. 临床症状　关节肿胀、疼痛，前肢腕关节变形，有的呈双关节，四肢骨变形，呈“X”形腿或“O”形腿。

2. 血钙和血磷测定　当犬的血钙在9毫克/100毫升，血磷在2.5毫克/100毫升以下时，即可确诊。

3. X线检查　骨质密度降低，桡骨、尺骨弯曲变形。

【治疗方案】

处方1　维生素D注射液，1 000万～3 000万单位/次，口服，每天1次。

处方2　鱼肝油胶丸，5～10丸/次，口服，每天1次。

处方3　维生素D_3注射液，10万～30万单位/次，肌内注射，每2周重复1次。

处方4　维丁胶性钙注射液，0.5～2毫升/次，皮下注射，每天1次，连用4～7天。

处方5　维生素AD注射液，1～2毫升/次，肌内注射，每天1次。

处方6　10%葡萄糖酸钙注射液，5～10毫升/次，用5%葡萄糖稀释后静脉注射，每天 1 次，连用 2～3 天。

处方 7　地塞米松磷酸钠注射液，2～5 毫克/次，两前肢腕关节腔内注射，每天 1 次，连用 4～5 天。

【用药分析】 ①短时间大量补钙可使病情很快缓解。②对骨骼变形的犬、猫，可能终身残疾。③维丁胶性钙和维生素 AD 注射液在使用过程中有过敏现象，应注意。④治疗过程中驱虫和健胃可提高疗效。

【要点总结】 ①食物中钙、磷不足或钙、磷比例失调是导致佝偻病的重要原因之一。②维生素 D 摄入不足或长期缺乏阳光照射，也影响钙、磷的吸收，从而导致佝偻病。

四、肥胖症

肥胖症是由于代谢障碍而引起的脂肪过度蓄积，是成年犬、猫较常见的一种脂肪过多性、营养性疾病。持续肥胖多可并发糖尿病、肝胆疾病及循环障碍。

【临床症状】 犬、猫皮下脂肪丰富，体态丰满，用手摸不到肋骨，不耐热易疲劳，迟钝不灵活，不愿走动，走路摇摆。肥胖犬、猫易发生骨折、关节炎、椎间盘病等，严重者易引起心脏病、糖尿病、皮肤病和影响生殖功能。由内分泌失调引起的肥胖症，还可见特征性的脱毛、皮屑和皮肤色素沉积等变化。

【诊断要点】 触摸犬、猫肋骨，如果没有分明的层次感，或根本就摸不到肋骨，便是肥胖的明显表现。

【治疗方案】

处置　调整日粮组成，减少日粮中脂肪和碳水化合物的含量，给予高蛋白质食物和逐渐增加运动量等。

处方 1　甲状腺素浸膏，犬 22 微克/千克体重，猫 20～30 微克/千克体重，口服，每天 2 次，增加基础代谢，用于因甲状腺功能减退而引起的肥胖症。

处方 2　乙烯雌酚注射液，犬 0.1～0.5 毫克，猫 0.1～0.3 毫克，肌内注射，用于母犬生殖功能减退引起的肥胖。

处方 3　丙酸睾酮注射液，犬 25～50 毫克，猫 15～50 毫克，肌内注射，用于公犬生殖功能减退引起的肥胖。

处方 4　硫酸苯异丙胺溶液，犬 0.4～0.6 毫克，猫 0.02～0.4 毫克，口服或皮下注射，用于代谢功能降低时引起的肥胖。

【用药分析】　①性腺切除使动情素及雄性激素减少，引起基础代谢降低，这也是引起肥胖的原因。②对于成年犬、猫每天喂食 1 次即可，同时多运动也是防止肥胖症的有效方法之一。

【要点总结】　①多数肥胖症是由过食引起的，这是饲养条件好的犬、猫最常见的营养性疾病。②由内分泌失调引起的肥胖症近几年有上升趋势，临床上应引起重视。③对于做过绝育手术的犬、猫要限制喂食，控制体重，防止肥胖。

五、蛋白质缺乏症

蛋白质缺乏症又叫低蛋白症，是指由于食物蛋白质含量过低或消化吸收功能障碍而引起的疾病。以血浆蛋白减少，胶体渗透压降低，全身性水肿为主要特征。

【临床症状】　病犬表现消瘦，食欲不振，被毛粗乱，可视黏膜苍白，体质虚弱，体重减轻，发育停止，免疫功能低下，乳汁减少，严重者出现全身性水肿。抵抗力下降时，容易发生继发感染。

猫精氨酸缺乏后失去对含氮化合物的代谢能力，形成高氮质血症，表现为呕吐，肌痉挛，感觉过敏，共济失调和抽搐，重者可在几小时内死亡。含硫氨基酸(蛋氨酸，胱氨酸)缺乏，导致牛磺酸缺乏，引起视网膜局灶性糜烂，重者影响视力，甚至失明。

【诊断要点】

1. 临床症状 生长缓慢，被毛粗乱，黏膜苍白等。

2. 白蛋白测定 成年犬血浆总蛋白量 5.3～7.5 克/100 毫升，白蛋白为 3～4.8 克/100 毫升，如血浆总蛋白降低至 5 克/100 毫升以下，白蛋白降低至 3 克/100 毫升以下，可认为蛋白质缺乏。

【治疗方案】

处置 提高食物中蛋白质含量，以保证犬、猫蛋白质的需要，严重病例进行输液；由消化吸收功能障碍引起的蛋白质缺乏，还应治疗原发病。

处方 1 10%葡萄糖注射液，100～200 毫升，犬血白蛋白 2 毫克/千克体重，静脉注射，每天 1 次，连用 3 天。

处方 2 10%葡萄糖注射液，100～200 毫克，复合氨基酸 100～200 毫升，维生素 C 注射液 0.25～0.5 克，静脉注射。

【要点总结】 ①犬、猫对蛋白质的需要，按干物质计，一般要达到 21%～23%，占食物总热量的 20%，泌乳母犬、猫的需要量更高。②临床上多见由寄生虫引起的低蛋白症，尤其是生长发育期的犬、猫。因此，在补充白蛋白的同时，应驱虫、健胃、助消化。③因白蛋白主要在肝脏中合成，由各种原因引起的肝脏疾病也可导致低蛋白症的发生。

第八章　宠物皮肤病

一、湿　疹

湿疹是致敏物质作用于犬、猫表皮细胞引起的一种炎症反应。皮肤患处出现红斑、丘疹、水疱及鳞屑，同时伴发痒、痛、热等。

【临床症状】　急性湿疹病初患部呈点状或形状不同的红斑性湿疹，出现瘙痒，病变部位开始于面部、背部，尤其鼻梁、眼部和面颊部，而且易向周围扩散，形成小水疱，随着病情的发展，由丘疹期、水疱期过渡到脓疱期、糜烂期。由于瘙痒不时挠抓、摩擦使皮肤损伤，炎症加重。在脓疱期大多有微生物感染，皮肤散发有异常气味。慢性湿疹多因急性湿疹转化而来，出现皮肤增厚脱屑、色素沉着，被毛粗硬，瘙痒加重，多见于四肢和背部。临床上最常见的湿疹是犬的湿疹性鼻炎，病犬的鼻部、耳、背部等处发生狼疮或者天疱疮，患处结痂，有时见浆液和溃疡。

【诊断要点】　常发于鼻梁、眼睑、颈部、肘部、大腿内侧、尾部等。初为红斑，以后变成丘疹，感染后形成脓疱。本病多发于夏秋季节。

【治疗方案】

处方1　苯海拉明注射液，2～4毫克/千克体重，肌内注射，每天1次。

处方2　扑尔敏注射液，0.5～1毫克/千克体重，肌内注射，每天1次。

处方3　地塞米松磷酸钠注射液，1毫克/千克体重，肌内注射,每天1次。

处方4 泼尼松注射液,2.5毫克/千克体重,肌内注射,每天1次。

处方5 强力解毒敏注射液,2～4毫克/千克体重,肌内注射。

处方6 除去异物,3%硼酸,或0.1%高锰酸钾溶液冲洗患部,然后涂布3%～5%龙胆紫,此法适用于水疱期或化脓期的湿疹。

处方7 维生素C注射液,1～4毫升/次,肌内注射或静脉注射。

处方8 10%葡萄糖注射液100毫升,10%葡萄糖酸钙注射液10～20毫升,静脉注射。

处方9 林可霉素注射液,15～20毫克/千克体重,肌内注射。

处方10 头孢唑啉钠,50～100毫克/千克体重,肌内注射或静脉注射。

【用药分析】 ①适量的皮质激素和抗组胺类药物是必需的,但不宜长期使用。②局部用药时忌用刺激性强的药物,以免病犬啃咬和摩擦继发皮炎。

【要点总结】 ①本病治愈后若不及时改善环境极易复发。②夏秋季节空气湿度大(宠物主人居住楼层在三层以下)是引发湿疹的主要原因。③患部多为肘、股内侧、腹下等皮薄毛稀的部位或与地面经常接触的部位。

二、皮 炎

皮炎是指皮肤表皮和真皮的炎症。临床上以红斑、水疱、湿疹、结痂、瘙痒等为主要特征。

【临床症状】 皮肤出现片状、条状或不定形状红肿,有渗出时可见痂皮覆盖,当皮肤有损伤时可有糜烂或溃疡出现,局部有痛痒感。皮炎时,可见有皮肤被毛脱落。患真菌性皮炎时,患部脱毛,局部有白色粉末状结痂,痂下及周围有红色突起。患寄生虫性皮炎时，头部、背部、腹部可见有发红的疹状小结，表面有黄色的痂皮，并有脱毛现象和剧痒感。

【诊断要点】 皮肤瘙痒，不时搔抓，皮肤水肿、丘疹、水疱、渗出、结痂、鳞屑等。

【治疗方案】

处方1　泼尼松注射液，1毫克/千克体重，肌内注射，每天1次，连用3天。

处方2　地塞米松磷酸钠注射液，0.25毫克/千克体重，肌内注射，每天1次，连用3天。

处方3　醋酸去炎松软膏或醋酸氟轻松软膏，患部涂抹。

处方4　克霉唑软膏、癣净软膏或达克宁软膏，患部涂抹。

处方5　伊维菌素注射液，0.2～0.3毫克/千克体重，皮下注射，每周1次。

处方6　林可霉素注射液，5～10毫克/千克体重，肌内注射，每天1次，连用5～7天。

处方7　庆大霉素注射液，3～5毫克/千克体重，肌内注射，每天1次，连用5～7天。

【用药分析】 ①剧烈瘙痒时，为缓解病情，可暂时喂以扑尔敏和泼尼松片，但对于皮肤溃烂的皮炎禁用激素类药物。②皮炎多数情况下继发于其他皮肤疾病如真菌、螨虫等，治疗时首先应查找原发病，结合对症治疗可获治愈。

【要点总结】 犬、猫皮肤病的原因复杂、症状相似，治疗时应结合实验室诊断结果综合用药，才能获得较好的效果。

三、脓皮病

脓皮病是指皮肤感染化脓性细菌引起的皮肤病。临床上以大面积脓疱疹、毛囊炎和表皮脓性渗出物为主要特征。

【临床症状】 浅表脓皮病皮肤表面形成脓疱，滤泡样丘疹或粟粒样红疹圈，呈环形病变，其边缘脱落。深部脓皮病表现皮肤深在性炎性水疱或脓疱、脓疱破溃，流出脓性液体或形成窦道。多发于面部、四肢、指(趾)间等。

【诊断要点】

1. 临床症状 皮肤上出现脓疱疹、小脓疱和脓性分泌物。

2. 镜检 取脓汁直接涂片，革兰氏染色镜检，根据细菌的形态和排列可做初步诊断。

3. 鉴别诊断 脓皮病易与真菌、螨虫病混合感染。

【治疗方案】

处方1 林可霉素注射液，15～20毫克/千克体重，肌内注射，每天2次。

处方2 克拉维酸钾阿莫西林，10～25毫克/千克体重，肌内注射，每天1～2次。

处方3 头孢曲松钠，50～100毫克/千克体重，肌内注射，每天1～2次。

处方4 恩诺沙星注射液，2.5～5毫克/千克体重，皮下注射，每天1～2次。

处方5 百多邦软膏，涂抹。

处方6 甲硝唑皮炎合剂(甲硝唑100毫升，庆大霉素注射液5支，利多卡因2支混合)溶液涂擦皮肤，每天4～5次。

处方7 伊维菌素注射液，0.2～0.3毫克/千克体重，皮下注射，同时配合螨易洗剂洗浴，混合螨虫感染时使用。

处方8 灰黄霉素片，30～40毫克/千克体重，口服，每天1次，同时配合特比萘酚喷剂体表喷洒，混合真菌感染时使用。

【用药分析】 ①深部脓皮病疗程一般较长，药物剂量宜大。②对于顽固性病例应根据药敏试验结果选择敏感抗生素或每2周更换一种抗生素。③克拉维酸钾阿莫西林对于脓皮病的治疗具有一定效果，但应注意长期应用时须护肾保肝。

【要点总结】 ①全身用药同时配合局部用药是治疗脓皮病的基本原则。②长期使用广谱抗生素，可导致机体正常菌群紊乱和肝脏损伤等。③脓皮病易与螨虫、真菌混合感染。

四、过敏性皮炎

过敏性皮炎是由免疫球蛋白 E 参与引起的皮肤过敏反应，也叫特异性皮炎。临床特征是瘙痒、季节性反复发作。

【临床症状】 剧烈瘙痒，皮肤表面有红斑和肿胀，有的出现丘疹、鳞屑及脱毛。病初部位为眼周围、趾（指）间、胸腹部，尤其是腋下及腹股沟区域的皮肤呈苔藓样红斑，严重时连成片；背部毛根处出现红色结节，患部大量脱毛及银白色皮屑；眼内角有脓性分泌物，外耳道红肿、结痂；安静状态下，时常抓耳舔足，并用前足爪搔抓脸部。慢性经过的瘙痒较轻或消失，但也有的病程长达 1 年以上。

【诊断要点】

1. 病史 致敏原一般不易查出，多由食物、蚊虫叮咬、吸入尘埃、阳光照射所致。

2. 血液检查 多数病犬嗜酸性白细胞增多。

【治疗方案】

处方 1　地塞米松磷酸钠注射液，0.5～4 毫克/千克体重，肌内注射，每天 1 次，连用 2～4 天。

处方 2　强的松龙片，5～40 毫克/次，口服，每天 2 次，连用 5～7 天。

处方 3　苯海拉明注射液，2～4 毫升/千克体重，肌内注射，每天 2 次，连用 2～4 天。

处方 4　维生素 C 注射液，1～2 毫升/次，肌内注射，每天 1

次，连用5～7 天。

处方 5　10%葡萄糖注射液，100～200 毫升，10%葡萄糖酸钙注射液 10～30 毫升，静脉注射，每天 1 次，连用 3～4 天。

处方 6　复方康乐霜，涂抹，每天 2～3 次。

处方 7　林可霉素注射液，15～20 毫克/千克体重，肌内注射，每天 1～2 次，用于继发细菌感染时。

【用药分析】　①加喂多种维生素，如复合维生素 B、维生素 A、维生素 E 等。②皮质激素对本病治疗效果较好，但治愈后可能复发。③长期使用皮质激素有一定的不良反应。

【要点总结】　①本病多因外源性因素刺激而引起，如花粉、尘埃、螨虫、毛屑等。②加强饲养管理，消除各种致敏因素，清除体内外各种寄生虫。③尽量避免食入变质肉、奶、注射药物、蚊虫叮咬、接触化学物质、日光照射等。

五、脱毛症

脱毛症又称秃毛症，是犬、猫局部或全身的被毛出现病理性脱落的总称。

【临床症状】　一般从局部开始脱毛，以后逐渐扩大，变成较大面积的脱毛，常伴有皮屑脱落。由螨虫、虱、钩虫等寄生虫引起的，可见头部、胸、腿内侧、眼四周等处形成明显脱毛斑，皮肤上可见潮红、丘疹和痂皮，犬、猫不时挠抓、啃咬和摩擦。被毛护理不当引起的脱毛，表现被毛无光泽，毛发稀疏、干燥。内分泌紊乱造成的脱毛，以颈、胸、背及四肢多见，多呈对称性脱毛。真菌性感染呈圆形脱毛或不规则脱毛，且表面覆盖灰色鳞屑等。

【诊断要点】

1. 真菌和螨虫性脱毛　大多有瘙痒和皮肤炎症，从患处皮肤皮屑中可检出真菌、螨虫等病原体。

2. 虱、蚤感染性脱毛　可从患处发现虱和蚤卵。

3. 内分泌性脱毛　多呈对称性，一般无瘙痒和皮肤损伤。

4. 营养不良性脱毛　除脱毛外，还伴有其他症状，应结合病史及食物进行分析和判断。

【治疗方案】

处方1　伊维菌素注射液，0.2～0.3毫克/千克体重，皮下注射，每周1次，连用2～4周。

处方2　汽巴杜虫丸，50毫克/千克体重，口服，2周后重复1次，用于钩虫引起的脱毛。

处方3　灰黄霉素片，20～40毫克/千克体重，口服，每天1次，连用3～4周；同时配合特比萘酚喷剂外用，用于真菌感染引起的脱毛。

处方4　丙酸睾酮片，2毫克/千克体重，口服，每天1次。

处方5　甲地孕酮片，2毫克/千克体重，口服，每天1次。

处方6　复合维生素B片，2～4片/次，口服。

处方7　小施尔康颗粒，1～2粒/次，口服。

处方8　林可霉素注射液，15～20毫克/千克体重，肌内注射，用于继发细菌感染病例。

【用药分析】　①治疗前应排除生理性脱毛。②脱毛症病因复杂，治疗时应综合分析，对症下药。③洗澡后不及时吹干（尤其夏季）也是引起脱毛原因之一。

【要点总结】　①勤梳理，每天梳刷被毛，促进血液循环，增进皮肤健康。②适时洗浴，夏、秋季7天左右洗浴1次，春、冬季10天左右洗浴1次，洗浴时要用犬、猫专用洗剂。③加强犬、猫营养，提供足量蛋白质、维生素和微量元素。

第九章　宠物中毒性疾病

一、有机磷农药中毒

有机磷农药中毒是由于犬、猫接触、吸入或采食某种有机磷农药或舔食被其污染的食物器械等所致的病理过程。有机磷农药是磷和有机化合物合成的一种农用杀虫剂的总称，属于剧毒类，可经消化道、呼吸道和皮肤进入机体内，并与体内胆碱酯酶结合，使其失去水解乙酰胆碱的能力，导致体内乙酰胆碱蓄积，从而导致一系列的神经生理功能紊乱。

【临床症状】　临床上将有机磷农药中毒归纳为 3 类综合征。

1. 毒蕈碱样症状　唾液分泌增多，可见精神沉郁、不安、流涎、呕吐、腹泻以及尿频、尿失禁、瞳孔缩小，支气管分泌增多时，可见呼吸困难。

2. 烟碱样症状　肌无力或自发性收缩，面部肌肉、舌肌抽搐，进而扩散至全身肌肉组织，还可见麻痹。

3. 中枢神经症状　极度沉郁或兴奋不安，运动失调，惊恐，抽搐样症状。

【诊断要点】

1. 病史　有误食有机磷农药或有机磷农药中毒死老鼠的病史；有外治寄生虫病使用有机磷农药涂擦皮肤的病史。

2. 临床症状　流涎、抽搐、呼吸困难、瞳孔缩小。

3. 实验室诊断　取可疑农药 5 滴，加水 4 毫升，振荡使之乳化后加 10%氢氧化钠溶液 1 毫升，如变成金黄色为对硫磷；如无变化，再加硝酸银3滴，出现灰黑色为敌敌畏；棕色为乐果；出现白色为敌百虫。

【治疗方案】

处方1　0.1%～0.2%高锰酸钾溶液，20～50毫升灌肠洗胃，由口腔食入有毒物中毒的病例。

处方2　药用炭粉，3～6克/千克体重，口服。

处方3　硫酸阿托品注射液，0.2～0.5毫克/千克体重，静脉注射并以相同剂量做皮下注射，每0.5～1小时注射1次，直至瞳孔散大正常，流涎停止，呼吸平稳，意识清醒后，逐渐减少用药量和用药次数。

处方4　氯解磷定注射液，20毫克/千克体重，静脉注射或肌内注射，每天2次。

处方5　双解磷注射液，15～30毫克/千克体重，静脉注射，每天2次。

处方6　10%葡萄糖注射液100毫升，维生素C注射液0.5～1克，静脉注射。

处方7　尼可刹米注射液，1～1.5毫升/次，肌内或静脉注射。

【用药分析】　①治疗时要争分夺秒，必要时可静脉注射或推注。②及时大剂量应用特效解毒药阿托品和碘解磷定等是抢救有机磷中毒的关键。对于轻度中毒者，可单独用阿托品或碘解磷定，中度至严重中毒者，以阿托品和碘解磷定合用为佳。③在使用特效解毒的同时，辅助治疗也很重要。当呕吐、腹泻严重时需静脉输液治疗；加强肝脏解毒功能时可适量静脉注射葡萄糖、维生素C和肝泰乐有助于提高疗效；当发生肺水肿时，静脉注射高渗葡萄糖；当出现呼吸衰竭时，将犬、猫置于通风处，吸氧。④有机磷农药中毒多数会出现反跳现象，因此必须注意中毒症状的反复发作，必要时可重复给药，直到中毒症状完全消失。⑤苯海拉明对中毒后表现为烟碱样中毒症状为主的犬有效。⑥甘草绿豆煎汁服用有一定疗效，同时还可选用大黄灌肠液灌肠，以促进胃肠蠕动，排出毒物。

【要点总结】 ①有机磷农药中毒时，禁用肥皂水洗胃。②一般有机磷中毒时病程急，治疗早、快，稍有延误即使有非常有效的方法也无法挽救。③中毒时，有机磷农药对机体各组织都有较大的损伤，即使未死亡，也需要较长时间才能完全恢复。④本病在抢救时，也应与宠物主人交代，有可能抢救无效死亡，以避免纠纷。

二、抗凝血杀鼠药中毒

抗凝血杀鼠药主要是犬、猫误食含有敌鼠钠、杀鼠迷、溴敌隆的毒饵或毒死动物的尸体出现中毒症状。抗凝血杀鼠药主要干扰凝血酶原及凝血因子的合成，导致凝血功能减退，使出血时间延长。

【临床症状】 急性中毒病例无任何明显症状而死亡，死后剖检，多见脑、心包、胸腹腔有出血。亚急性中毒病例从吃入毒物到死亡，一般需 2～4 天时间，中毒初期精神不振、厌食、不愿活动、黏膜苍白、贫血、有点状出血、皮肤紫癜、体温下降，继续发展表现为持续呕血、血便、血尿、眼内出血、共济失调，最后痉挛、昏迷而死亡。妊娠犬、猫流产，死后剖检全身广泛性出血。病程较长的犬、猫可见体温升高和黄疸。

【诊断要点】

1. 病史 有误食毒饵和死鼠的病史。

2. 临床症状 病犬全身各部位自发性大块出血，创伤、手术或针扎后出血不止。

3. 治疗性诊断 维生素 K_1 治疗明显见效可作为诊断本病的重要依据。

【治疗方案】

处方 1　6%～8%硫酸镁溶液，犬 10～20 克/次，口服；猫 2～5 克/次，口服，宜在吞食毒物之后尽早进行。

处方 2　维生素 K_1 注射液，0.5～1.5 毫克/千克体重，10%葡萄糖注射液或生理盐水 100～200 毫升，静脉注射，每 12 小时注射 1 次或每天 2～3 次，连用 1 周左右；维生素 K_3 注射液 2～4 毫克/次，肌内注射，每天 2 次，连用 1 周左右；两药合用可提高疗效。

处方 3　新鲜血液，10～20 毫升/千克体重，缓慢静脉注射。

处方 4　安络血注射液，1～2 毫升/次，肌内注射，每天 2 次。

处方 5　肌苷注射液，25～50 毫克/次，静脉注射或肌内注射。

处方 6　葡醛内酯（肝泰乐）注射液，100～200 毫克/次，肌内注射或静脉注射，每天 1 次。

处方 7　地塞米松磷酸钠注射液，1～4 毫克/千克体重，缓慢静脉注射。

【用药分析】　①维生素 K 是治疗抗凝血杀鼠药中毒的特效药物，尤其是维生素 K_1。②吐血便血严重时可用云南白药或吐泻灵直肠滴注。③如果出血过多，应输血治疗。④维生素 K_1 和维生素 K_3 联合可提高疗效。

【要点总结】　①护理中毒病犬要保持安静，尽量避免受伤。②本类毒药在体内代谢较慢，已确定食入本类毒药的犬近期不宜去势或手术。③病愈恢复期，应加强饲养管理，多喂些有营养的食物。

三、有机氟中毒

有机氟中毒是犬误食氟乙酰胺等有机氟杀鼠药引起的中毒。临床上以发生呼吸困难、口吐白沫、兴奋不安为特征。

【临床症状】　氟乙酰胺进入机体 30 分钟后就可中毒发病，主要侵害犬、猫的中枢系统和心脏。急性中毒表现为精神沉郁、呕吐、喘息、大小便失禁。严重中毒时，主要表现为兴奋、嚎叫、痉挛、突然倒地、全身震颤、四肢划动、抽搐、角弓反张、呼吸加快、黏膜发绀、心率快而弱、心律失常，安静片刻后又重复发作，如此3～4次后，往往休克死亡，整个病程只有十几分钟至数小时。

【诊断要点】

1. 病史 周围有用灭鼠灵灭鼠的事实。

2. 临床症状 短期沉郁，速转兴奋，黏膜发绀，循环衰竭，死亡快等可做初步诊断。

3. 鉴别诊断 本病与有机磷、有机氯和士的宁中毒及急性胃肠炎等症状相似，应进行鉴别诊断。

【治疗方案】

处方1 0.02%高锰酸钾溶液，洗胃，然后口服蛋清以保护胃肠黏膜，最后用盐类泻药导泻。

处方2 解氟灵注射液，犬50～100毫克/千克体重，猫30～50毫克/千克体重，肌内注射，每天2次，连续5～7天。

处方3 20%硫代硫酸钠注射液，1～2克/次，肌内注射或静脉注射。

处方4 氯丙嗪注射液，1～2毫克/千克体重，肌内注射，每天1次；0.5～1毫克/千克体重，静脉注射，每天1次。

处方5 尼可刹米注射液，8～10毫克/千克体重，皮下注射或肌内注射，必要时2小时后重复1次。

处方6 10%葡萄糖酸钙注射液，10～20毫升，10%葡萄糖注射液100～200毫升，静脉注射，解除肌肉痉挛。

处方7 20%甘露醇注射液，10～20毫升/千克体重，静脉注射，控制脑水肿。

处方8 10%葡萄糖注射液100～200毫升，维生素B_6注射液2～4毫升，辅酶A 200单位，ATP 40毫克，维生素C注射液

1～2 克混合静脉注射。

【用药分析】 ①必须紧急采取清除毒物和应用特效解毒药相结合的方法方能奏效。②静脉注射葡萄糖酸钙有助于解除血糖降低引起的肌肉痉挛。③肌内注射地塞米松可防止中毒反跳现象发生。④抽搐严重时可给予适量镇静药。⑤仙人掌去刺捣汁和白酒混合口服有一定疗效。⑥如遇抽搐强直而停止呼吸时，迅速用双手或一手按捏肋部，有节奏地按压做人工呼吸，一般 1～2 分钟即可恢复呼吸。

【要点总结】 ①遛狗时应注意防止误食毒饵。②本病发病较快，应尽早就诊，经医生治疗可能暂时恢复，但有反复发作的可能。③中毒时，有机氟农药对机体各组织都有较大的损伤，即使未死亡，也需要较长时间才能完全恢复。④本病在抢救时，也应与宠物主人交代，有可能抢救无效死亡，以避免纠纷。

四、亚硝酸盐中毒

亚硝酸盐中毒是指犬、猫过量食入或饮入含有亚硝酸盐的食物或水后所引起的中毒现象。

【临床症状】 表现为不安、尖叫、流涎、呕吐、呼吸加快、心率加快、走路摇摆、时起时卧或呆立不动；严重中毒的犬、猫，可见张口伸舌、呼吸困难、全身发绀、体温偏低、瞳孔散大、脉搏细弱、全身抽搐、共济失调、卧地不起，中毒后数十分钟至 4 小时内因窒息而死，死亡后的犬、猫血液呈酱油色且凝固不良。

【诊断要点】

1. 病史 犬、猫有食入含亚硝酸盐食物的病史。

2. 临床症状 呼吸困难，结膜发绀，血液呈酱油色。

【治疗方案】

处方 1　立即停喂含有亚硝酸盐的食物和饮水。

处方 2　1%亚甲蓝注射液,1～2 毫克/千克体重,静脉注射。

处方 3　尼可刹米注射液注射,1～1.5 毫升/次,皮下注射或肌内注射,必需时 2 小时后重复 1 次。

处方 4　苯甲酸钠咖啡因(安钠咖)注射液,犬 0.2～0.5 克/次,猫 0.1～0.2 克/次,肌内注射或静脉注射,每天 1～2 次。

处方 5　5%碳酸氢钠注射液 5～10 毫升/次,静脉注射,预防酸中毒。

处方 6　10%～25%葡萄糖注射液 100～200 毫升、维生素 C 注射液 0.5 克、ATP 20 毫克、辅酶 A 50～100 单位,静脉注射,加强肝解毒能力。

【用药分析】 ①小剂量亚甲蓝配合维生素 C 疗效好。②气喘时可注射尼可刹米,心脏衰弱时注射樟脑磺酸钠。③由于血液严重缺氧,输氧可暂时缓解病情,提高疗效。

【要点总结】 ①本病虽有特效解毒药,但由于发病急、病程短,如未能及时就诊,则可能来不及抢救,因此主人应做好思想准备。②笔者在临床上见到许多犬吃酱牛肉和咸菜引起类似症状,按亚硝酸盐中毒对症处理后痊愈,应引起注意。

五、砷 中 毒

砷及其化合物多用作农药、灭鼠药、兽药等,砷本身毒性不大,但其化合物的毒性却极其剧烈,用药不慎可引起人和动物中毒。

【临床症状】 急性中毒时,迅速出现中毒症状,可见流涎、呕吐,呕吐物发出蒜臭味。口腔黏膜潮红、肿胀,重症病例黏膜出血、脱落和溃烂,齿龈呈黑褐色,有蒜臭味。继而出现胃肠炎症状,如呕吐、腹痛、腹泻,粪便混有血液和脱落黏膜,且带腥臭气味。毒物进一步吸收后,则出现神经症状和严重的全身症状,患病犬、猫表现为兴奋不安、反应敏感,随后转为沉郁、低头闭眼、站立不动、衰弱乏力、肌肉震颤、共济失调、呼吸迫促、体温下降、瞳孔散大，一般经数小时至1～2天，终因呼吸或循环衰竭而死亡。由于神经细胞受损，中毒犬、猫精神高度沉郁、皮肤感觉减退、四肢乏力或麻痹，最后因肝、心、肾等实质器官受损而引起少尿、血尿或蛋白尿以及功能障碍和呼吸困难，最终死亡。慢性中毒犬、猫由于机体内的氧化过程受到过度抑制，导致营养不良、逐渐消瘦、骨髓造血功能障碍、精神沉郁、痛觉和触觉减退、脱毛、脱爪甲、黄疸、腹痛、腹泻、粪便呈暗黑色、不孕、流产、麻痹、瘫痪，病程可达1～2年。

【诊断要点】

1. 病史 有与砷及砷化物接触史，并出现明显的神经症状，严重砷中毒时，从口腔内呼出蒜臭味气体。

2. 血液学检查 中性粒细胞和血小板减少，嗜酸性粒细胞增多；红细胞形态异常，并含嗜碱性斑点，各种转氨酶升高，血钾和血钠值降低。

【治疗方案】

处方1 0.1%高锰酸钾溶液或5%～10%药用炭混悬液反复洗胃。

处方2 二巯基丙醇注射液，3～5毫克/千克体重，肌内注射，每天4次，连用5天。

处方3 20%硫代硫酸钠注射液，40～50毫克/千克体重，静脉注射。

处方4 维生素K注射液，2～4毫克/次，每天2次，肌内注射。

处方5 新鲜血液，5～10毫升/千克体重，缓慢静脉注射，用于贫血时。

处方6 山莨菪碱注射液，3～10毫克/次，肌内注射或静脉注射。

处方7 次硝酸铋片，犬0.25～2克/次；猫0.3～0.9克/次，口服，每天 3～4 次。

处方 8　地西泮注射液，0.2～0.5 毫克/千克体重，静脉注射。

处方 9　苯甲酸钠咖啡因注射液，犬 0.1～0.3 克/次；猫 0.05～0.1 克/次，皮下注射、肌内注射或静脉注射，每天1～2 次。

处方 10　尼可刹米注射液，1～1.5 毫升/次，皮下注射或肌内注射，必要时 2 小时后重复 1 次。

【用药分析】　①砷中毒的特效解毒药是二巯基丙醇。②应用特效解毒药的同时，也可给予利尿药以排出毒物。

【要点总结】　①家养宠物中，猫最易发生中毒。②砷对神经系统损害较重。③仔细看管宠物，谨防与毒物接触。

六、铅中毒

铅中毒是犬、猫直接或间接食入含铅的化合物，引起的以流涎、腹痛、兴奋不安和贫血为主要临床特征的一种疾病。

【临床症状】　急性中毒表现为厌食、流涎、贫血、腹痛、呕吐、腹泻、神经过敏、意识不清、发抖、痉挛、狂叫、咬牙、狂奔乱跑、运动失调等。慢性铅中毒表现为贫血、多动、好斗、易激怒、反复呼吸道及泌尿系统损伤等。铅中毒以慢性中毒多见。

【诊断要点】

1. 病史　有接触铅或含铅物质的病史（如经常啃咬、舔食含铅的油漆、塑料制品等）。

2. 治疗性诊断　用依地酸钙钠治疗有效。

3. 血液检查　可见到有核红细胞增多，白细胞减少，血红蛋白含量明显降低，转氨酶升高等。

【治疗方案】

处方 1　1%硫酸钠或硫酸镁溶液，洗胃，清除胃内毒物。

处方 2　依地酸钙钠注射液 25 毫克/千克体重，生理盐水或

5%葡萄糖注射液100～200毫升，静脉注射，每天2次，连用2～5天。

处方3　青霉胺片，35～50毫克/(千克体重・天)，口服，每天4次，连用1～2周。

处方4　二巯基丙醇注射液，3～5毫克/千克体重，肌内注射，每天4次，连用5天。

处方5　地西泮注射液，0.2～0.6毫克/千克体重，静脉注射。

处方6　苯甲酸钠咖啡因注射液，犬0.1～0.3克/次；猫0.05～0.1克/次，皮下注射、肌内注射或静脉注射，每天1～2次。

【用药分析】　①急性中毒时，可采用催吐、洗胃和导泻等措施以促进毒物尽快从体内清除。②对有神经症状者，可适当选用镇静药；出现虚脱时，需要运用强心药和大量补充电解质、右旋糖酐、调节酸碱平衡等。③用依地酸钙钠治疗同时应配合青霉胺口服以提高疗效。④用绿豆、甘草水有一定疗效。

【要点总结】　①犬、猫铅中毒以慢性中毒多见，表现为贫血、多动、好斗和易激怒。②铅中毒的机制不十分清楚，但已知铅对动物组织器官均有一定的毒性作用，尤其对神经、造血和泌尿系统毒性最强。③尽量使犬、猫远离铅源。④铅从体内完全排出需要较长时间。

七、洋葱中毒

洋葱中毒是指犬采食洋葱或混有洋葱汁的食物后发生的贫血现象。洋葱中的有毒成分为正丙二硫化物，它可氧化红细胞内的血红蛋白，形成海恩茨氏小体，网状内皮系统可吞噬含有此种小体的红细胞而引起贫血。

【临床症状】　急性中毒一般发生在食入洋葱后1～2天，病犬出现明显的红尿，尿的颜色深浅不一，从浅红色、深红色、咖啡色至酱油色。还可见食欲下降、精神沉郁、心悸、呕吐、腹泻，不及时治疗，可导致死亡。慢性中毒多见于长期饲喂含有少量洋葱和洋葱汁的犬，常呈轻度贫血和黄疸。

【诊断要点】

1. 病史 有食入洋葱或大葱掺拌的食物病史。

2. 临床症状 排红色或红褐色血红蛋白尿，其他一般不表现异常。

3. 鉴别诊断 临床上应与尿道炎、膀胱炎引起的血尿区别。

【治疗方案】

处方 1 强力解毒敏注射液，2～4 毫升，皮下注射，每天 1 次。

处方 2 呋塞米注射液，2～4 毫克/千克体重，肌内注射，每天 2～3 次。

处方 3 地塞米松磷酸钠注射液，1～2 毫克/千克体重，静脉注射或肌内注射。

处方 4 维生素 E 片，犬 200～400 单位，口服，每天 2 次。

处方 5 新鲜血液，10～20 毫升/千克体重，缓慢静脉注射。

处方 6 葡萄糖注射液或林格氏液、ATP、辅酶 A、维生素 C 等静脉注射，用于严重溶血的病犬，也可适当给予抗生素防止继发感染。

【用药分析】 ①立即停喂洋葱，轻度中毒者停喂后可自然康复，重度中毒者需进一步治疗。②轻度贫血应输液治疗，重度贫血时应输血治疗。③常用维生素 E 阻止氧化剂的氧化，利用利尿药促进红尿的排出。④注射止血敏等止血药物无效。

【要点总结】 ①洋葱或大葱在蒸、煮、炒、烹过程中不被破坏。②给犬饲喂食物时要注意有无大葱或洋葱成分。

八、食物中毒

食物中毒是指犬、猫食入腐败变质的食物而引起的中毒现象。

【临床症状】 在温暖季节，所有食物，尤其是肉、蛋、奶等富含营养和水分的食品极易被细菌污染而腐败变质，大量细菌产生毒素引起犬、猫中毒。食物变质引起中毒的毒素包括肠毒素、内毒素和真菌毒素等。食入变质食物越多的犬、猫症状越重，严重者可在食后12小时内死亡。而多数犬、猫则呈现精神沉郁、食欲减少或废绝、口渴、呕吐、腹泻、粪便腐臭并含有黏液或血凝块，肠壁紧张、触压疼痛，肠蠕动变弱，肠内充气，肚腹胀大，有的出现体温升高。重病犬、猫可见呼吸困难、心率加快、抽搐、后肢麻痹，终至虚脱而死。

【诊断要点】

1. 病史 有吃变质食物病史。

2. 临床症状 发病突然，主要表现为呕吐、腹泻。

【治疗方案】

1. 消　炎

处方1　庆大霉素注射液，3～5毫克/千克体重，肌内注射或静脉注射，每天2次，连用3～5天。

处方2　氨苄西林，50～100毫克/千克体重，静脉注射或肌内注射。

处方3　恩诺沙星注射液，2～2.5毫克/千克体重，皮下注射，每天2次。

2. 止吐止泻

处方1　硫酸阿托品注射液，犬0.3～1毫克/次；猫0.05毫克/千克体重，皮下注射或肌内注射。

处方2　氢溴酸东莨宕碱注射液，犬3～10毫克/次，肌内注射或静脉注射。

处方 3　白陶土粉,1～2 毫克/千克体重,口服,每天 2～4 次,保护胃肠黏膜。

处方 4　地塞米松磷酸钠注射液,1～4 毫克/千克体重,缓慢静脉注射,抗休克、抗毒素、保护心血管系统。

处方 5　林格氏液,100～200 毫升,50%葡萄糖注射液 10～20 毫升、ATP 20 毫克、肌苷注射液 100 毫克、维生素 C 注射液 0.5 克,静脉注射。

【用药分析】　①立即停止饲喂腐败变质食物,出现呕吐的犬、猫,先不要止吐,等其将食入的变质食物呕吐完后,才可应用止吐药;未出现呕吐的犬、猫,应尽早进行催吐和洗胃。②应用吸附药和缓泻药,如药用炭、硫酸钠等,加速毒素从消化道排出。③为了防止肠管内细菌继续生长繁殖产生毒素,及时给予广谱抗生素。④肌内注射地塞米松可对抗变质食物产生的毒素,缓解症状。

【要点总结】　①变质食物中毒无特效药治疗。②若犬、猫采食变质食物量少时,呕吐完变质食物后可康复。③不给犬、猫吃从饭店带回的或过夜的或长时间冷藏的食物。

九、食盐中毒

食盐中毒是因犬、猫过量采食过咸的食物如咸鱼、咸肉等而引起的中毒。

【临床症状】　食盐中毒的主要临床特征是神经症状和消化功能紊乱。一般突然发生,可见烦躁不安、转圈、肌肉震颤、口渴喜饮、少尿、流涎、厌食、呕吐、腹泻、脱水、体温正常、脉搏快而弱、呼吸浅表、运动失调、四肢麻痹,最后因心力衰竭而死。慢性中毒可见犬、猫喜饮、食欲减少、消瘦、流涎、瘙痒、失明、精神沉郁、转圈运动、昏迷,经 2～3 天因呼吸衰竭而死。

【诊断要点】

1. 病史　有饲喂含食盐成分过高的食物史，如人吃剩的饭菜、酱肉或酱渣等。

2. 临床症状　明显的神经和消化道紊乱症状。

3. 血液检查　血清中的氯化钠含量显著升高。

【治疗方案】

处方 1　10%葡萄糖酸钙注射液，10～20 毫升，10%的葡萄糖注射液 50～100 毫升，静脉注射，恢复血液中一价阳离子和二价阳离子平衡，以缓解中枢神经的兴奋状态。

处方 2　25%山梨醇注射液，1～2 克/千克体重，缓慢静脉注射，每天 3～4 次，缓解脑水肿。

处方 3　呋塞米注射液，2～4 毫克/千克体重，肌内注射，利尿，促进体内血红蛋白排出。

处方 4　地西泮注射液，犬 0.2～0.6 毫克/千克体重，静脉注射；猫 0.1～0.2 毫克/千克体重，静脉注射。

处方 5　苯甲酸钠咖啡因注射液，犬 0.1～0.3 克/次；猫 0.05～0.1 克/次，皮下注射或肌内注射或静脉注射，每天1～2 次。

处方 6　氨苄西林，50～100 毫克/千克体重，皮下注射或肌内注射，每天 1～2 次。

处方 7　5%葡萄糖注射液 100 毫升，25%硫酸镁注射液 5～10 毫升，静脉注射，解痉镇静，每天 1 次，连用 2～3 天。

处方 8　5%葡萄糖注射液 100 毫升，ATP 20 毫克，肌苷注射液 100 毫克，维生素 C 注射液 0.5 克，维生素 B_6 注射液 100 毫克，静脉注射。

【用药分析】　①立即停喂过咸食物，给予充足的饮水。②少量多次给予饮水和糖水，有助于排出毒物，但切忌暴饮。③尽早应用 10%葡萄糖酸钙注射液静脉注射，用钙离子置换出钠离子，以恢复体内离子平衡，缓解中毒症状。

【要点总结】 ①配制犬、猫食物时要参照营养标准,不要以人的口味随意加盐,而且注意均匀。②临床上见到许多用人吃剩的菜汁拌饭而出现中毒现象,应引起注意。

十、黄曲霉毒素中毒

黄曲霉毒素中毒是犬、猫采食了被黄曲霉污染的食物后所引起的一种急性或慢性中毒。

【临床症状】 急性中毒时,犬、猫出现食欲下降、呕吐、黄疸、出血。亚急性中毒初期,可见食欲减退、逐渐消瘦、贫血、委靡不振、对周围事物淡漠、体温正常;进一步发展可出现嗜睡、流涎、吞咽困难、可视黏膜及皮肤黄染、肌肉震颤、排稀水便或血便;后期贫血进一步加重,白细胞总数增多,凝血时间延长,转氨酶活性升高,烦躁不安,转圈运动,不久转为昏睡、昏迷,甚至死亡。多数中毒犬、猫呈慢性经过,数天或10余天后因心力衰竭而死亡。

【诊断要点】 犬吃了被黄曲霉污染的食物或吃了因黄曲霉毒素中毒的动物肉,并出现较明显的临床症状。

【治疗方案】

处方1 促进毒素排出可用药用炭口服吸附肠内毒素,口服硫酸钠或人工盐缓泻。

处方2 10%葡萄糖注射液100毫升,维生素C注射液0.5～1克,肝泰乐注射液1～2毫升,静脉注射,加强肝脏的解毒功能。

处方3 强力宁注射液,5～20毫升/次,静脉注射,降低转氨酶。

处方4 肌苷注射液,25～50毫克/次,口服或肌内注射,增强细胞活性,提高蛋白合成。

处方5 卡巴克洛(安络血)注射液,1～2毫升/次,肌内注射,每天2次。

处方 6　氨苄西林，50～100 毫克/千克体重，静脉注射或肌内注射，每天 1～2 次。

处方 7　头孢拉定，50～100 毫克/千克体重，静脉注射或肌内注射，每天 1～2 次。

【用药分析】　①黄曲霉素中毒时尚无特效解毒药，主要在于预防，一旦出现中毒，应停喂被黄曲霉毒素污染的饲料，以促进毒素排出，并配合对症治疗。②用皮质类固醇类药物可提高疗效，切勿使用磺胺类药物。

【要点总结】　①用给犬作食物用的玉米、小麦等如果有黄曲霉应水洗后再用。②黄曲霉可能有免疫抑制作用。③本病可能转变为慢性中毒，故主人应耐心看护，必要时需长时间口服健脾保肝的中草药。

十一、伊维菌素中毒

伊维菌素是一种新型、高效、广谱、低毒、安全的抗生素，对犬、猫的多种体内外寄生虫有效，是众多抗寄生虫药中效果较好的一种，但用量过大或用药时间过长可引起中毒现象。

【临床症状】　体温 39.8℃，鼻镜干燥、呼吸困难、精神沉郁、食欲废绝、口色发绀、舌麻痹。流涎、呕吐、转圈、盲目行走，遇到阻挡物后改变方向或抵住不动，最后站立不稳，瘫卧在地，昏迷，呼吸、心率减慢。

【诊断要点】

1. 病史　有伊维菌素注射史，并且用药后出现中毒的快慢不等。

2. 临床症状　出现明显的神经抑制症状。

【治疗方案】

处方 1　复方甘草酸铵注射液，2～4 毫升，皮下或肌内注射，每天2次,连用3～5天。

处方2　尼可刹米注射液,1～1.5毫升/次,肌内注射。

处方3　地塞米松磷酸钠注射液,1～4毫克/千克体重,皮下或肌内注射,每天2次,连用3～5天。

处方4　维生素B_1注射液2毫升,维生素B_{12}注射液1毫升,混合后皮下注射,每天2次,连用3～5天。

处方5　林格氏液,50～80毫升/千克体重,三磷酸腺苷二钠10毫克/千克体重,辅酶A 20单位/千克体重,肌苷注射液10毫克/千克体重,50%葡萄糖注射液10～30毫升,混合一次静脉注射。

处方6　5%葡萄糖注射液100～200毫升,10%葡萄糖酸钙注射液1～20毫升混合静脉注射。

处方7　速尿注射液,2～4毫克/千克体重,肌内注射。

处方8　胞磷胆碱钠注射液,1～2毫升,肌内注射或静脉注射。

【用药分析】　①伊维菌素在体内代谢较慢,应坚持治疗。②发情期和妊娠期尽量不用伊维菌素驱虫。③外用伊维菌素时要防止犬抓挠和舔食。④柯利犬禁用伊维菌素。

【要点总结】　①本病无特效解毒药,只能通过补液、保肝、加快药物排泄,对症治疗等方法来治疗。因此,治疗一定要及时,补液疗程要足才能收效。②由于不同品种、不同个体的犬对伊维菌素的耐受性有很大差别,因此在使用该药物时要特别注意,否则疗效不佳或引起中毒。③严格控制剂量和疗程,并采用正确的给药途径。

十二、巴比妥类药物中毒

巴比妥类药物中毒多由犬、猫主人滥用本药物或临床治疗用药剂量过大、疗程过长而使犬、猫发生的中毒现象。此类药物主要有苯巴比妥钠、戊巴比妥钠、硫喷妥钠等。

【临床症状】 中毒犬、猫主要表现为中枢神经系统过度抑制等一系列症状，犬、猫精神沉郁、四肢倦怠无力、瞳孔散大、呼吸浅表或喘息、机体缺氧，血压下降，有时可见皮炎、皮疹、出血性血疱、剥落性皮炎等；严重中毒的犬、猫，可见昏睡、意识及反射消失、昏迷、休克，最终因呼吸衰竭死亡。

【诊断要点】

1. 病史 有巴比妥类用药史。

2. 临床症状 有昏迷、呼吸困难、血压和体温下降等表现。

【治疗方案】

处方 1　清水洗胃，然后用硫酸钠导泻（忌用硫酸镁），用于误食中毒病例。

处方 2　尼可刹米注射液，1～1.5 毫升，皮下注射或肌内注射，兴奋呼吸中枢。

处方 3　贝美格（美解眠）注射液，15～20 毫克/千克体重，溶入 5%葡萄糖注射液中静脉注射，缓解巴比妥盐中毒。

处方 4　呋塞米注射液，2～4 毫克/千克体重，静脉注射或肌内注射。

处方 5　甘露醇注射液，0.5～1 克/千克体重，缓慢静脉注射，每天 3～4 次，用于脑水肿。

处方 6　5%葡萄糖注射液 100～200 毫升，10%葡萄糖酸钙注射液 1～20 毫升混合静脉注射。

处方 7　5%葡萄糖注射液 100～200 毫升，5%碳酸氢钠注射液 5～10 毫升，静脉注射。

【用药分析】 ①主要是加速毒物的排泄，给予解毒药和中枢兴奋药，对症支持疗法；口服中毒的犬、猫，可洗胃、催吐、导泻，运用利尿药等。②大多情况下是慢性中毒，恢复也慢，因此应坚持治疗可望痊愈。

【要点总结】 ①中毒症状因所服的药量、药物作用迅速与否及施救的迟早而异。②肝、肾功能不良的犬、猫易在麻醉中出现巴比妥类药物中毒，所以手术后须等动物完全清醒后再离开宠物医院。

十三、氨基糖苷类抗生素中毒

氨基糖苷类抗生素如链霉素、庆大霉素、卡那霉素等，此类抗生素治疗量与中毒量非常接近，大量或长时间应用易引起中毒。

【临床症状】 急性中毒可致机体麻木、头晕、耳鸣；排尿次数增加，但每次尿量减少，尿中带血；视力减退，眼球震颤，呕吐，运动失调；心律失常，心跳加快。当损害第Ⅷ对脑神经时，可见犬、猫眩晕、恶心、呕吐、眼球震颤、平衡障碍、步态不稳、听力下降或耳聋。出现肾毒性时，可见犬、猫少尿、无尿、管形尿、血尿、尿钾增多、氮质血症、尿毒症等。当出现神经肌肉冲动传导阻滞时，可见犬、猫舌唇震颤或麻痹、肢体乏力、瘫痪、血压下降、心力衰竭、呼吸肌麻痹而致死。有时还可出现过敏性休克，犬、猫出现烦躁不安、畏寒、结膜初潮红后苍白、恶心、呕吐、发热、呼吸促迫、心悸、皮肤瘙痒、荨麻疹、嗜酸性粒细胞增多、抽搐、昏迷，终至休克而致死。经口给予犬、猫氨基糖苷类抗生素时，常导致发生恶心、呕吐、腹胀、腹泻等中毒反应，影响肠道对脂肪、胆固醇、蛋白质、糖、铁的吸收，严重时可发生脂肪性腹泻或营养不良，注射给药则少见此类反应。

【诊断要点】

1. 病史 有大量或长时间用药史。

2. 临床症状 听觉减弱或丧失。

3. 尿液检验 有大量蛋白。

【治疗方案】

处方1　盐酸肾上腺素注射液，犬 0.1～0.5 毫升/次；猫 0.1～0.2 毫升/次，10 倍生理盐水稀释后静脉注射，强心、抗过敏、抗休克。

处方2　10%葡萄糖酸钙注射液，0.4～1 毫升/千克体重，加入 5%葡萄糖注射液中静脉注射，用于心搏骤停、心房停滞。

处方3　10%葡萄糖 50～100 毫升，地塞米松磷酸钠注射液 1～4 毫克/千克体重，缓慢静脉注射，抗休克、抗过敏，用于心肺复苏。

处方4　甲硫酸新斯的明注射液，0.05 毫克/千克体重，肌内注射，每天 3～4 次，兴奋骨骼肌。

处方5　胞磷胆碱钠注射液，25 毫克/千克体重，肌内注射，每天 2～4 次，修复神经损伤。

处方6　维生素 B_1 注射液，犬 10 毫克/千克体重；猫 25～50 毫克/千克体重，肌内注射或皮下注射，每天 1 次，营养神经，防止神经组织萎缩。

【用药分析】　①氨基糖苷类抗生素中毒无特效解毒药，主要是立即停药和对症治疗。②中毒时由于蛋白从尿中丢失，静脉输注白蛋白有助于维护脏器正常功能。③对肝、肾疾病，脱水、毒血症、尿毒症的犬、猫，应慎用或不用本类药物，本药不要与麻醉药合用。

【要点总结】　①抗生素具有耳毒性，可损害第Ⅷ对脑神经，影响听力；具有肾毒性，导致肾功能减退，出现蛋白尿；能够阻滞神经肌肉冲动传导，使骨骼肌松弛、呼吸肌麻痹，甚至呼吸停止。②少数发生轻度过敏和过敏性休克现象，应用此类抗生素时应观察 10 分钟，确认无异常再离开宠物医院。③用药过程中必须注意用药量和疗程，发现可疑现象应立即停药，轻度中毒可在短期内恢复。

十四、感冒药中毒

常见的感冒药(新康泰克、泰诺等)和退热药,如被犬、猫食入后易引起中毒,尤其对猫毒性最大。

【临床症状】 早期出现兴奋、不停转圈、盲目行走、呆立、呼吸急促,后期则精神沉郁、呼吸衰竭,可视黏膜发绀,严重时出现休克、昏迷。

【诊断要点】

1. 病史 存在投喂药物史。

2. 临床症状 该类药物可破坏红细胞,发生溶血,因此会出现明显的贫血症状。

【治疗方案】

处方 1 复方甘草酸铵注射液,2～4 毫升,皮下或肌内注射,每天 2 次,连用 3～5 天。

处方 2 地西泮注射液,0.5～2 毫升/次,肌内注射。

处方 3 肝泰乐注射液,2～4 毫升,肌内注射。

处方 4 地塞米松磷酸钠注射液,1 毫克/千克体重,皮下或肌内注射,每天 2 次,连用 3～5 天。

处方 5 维生素 B_1 注射液,2 毫升,维生素 B_{12} 注射液 1 毫升,混合后皮下注射,每天 2 次,连用 3～5 天。

处方 6 林格氏液,50～80 毫升/次,三磷酸腺苷二钠 20 毫克,辅酶 A 50 单位,肌苷注射液 100 毫克,50%葡萄糖注射液10～30 毫升,混合一次静脉注射。

处方 7 5%葡萄糖 100～200 毫升,10%葡萄糖酸钙注射液 1～20 毫升混合静脉注射。

处方 8 呋塞米注射液,1～2 毫升/次,肌内注射。

处方 9 5%葡萄糖注射液 100～200 毫升,5%碳酸氢钠注射液5～10毫升，静脉注射。

【用药分析】 ①本病无特效药，主要是对症治疗。②尽量让犬、猫保持安静，少量多次饮用维生素C葡萄糖水。③不要轻易给犬、猫吃退热药和感冒药，尤其是猫最敏感。④含酚类消毒药(来苏儿)也可引起猫重度中毒。

【要点总结】 临床上出现较多宠物主人给犬、猫投喂含酚类感冒药和退热药引起的中毒，因此宠物有病应向宠物医生咨询，避免在家乱喂药，延误病情。

十五、阿托品类药物中毒

阿托品类药物主要包括阿托品、颠茄和山莨菪碱等，此类药物用量过大或长期使用可引起中毒。

【临床症状】 中毒初期犬、猫口干舌燥，吞咽困难，肠鸣音减弱；继之兴奋不安，结膜潮红，瞳孔散大，视物不清，肠鸣音消失，腹胀，腹痛，便秘，少尿或排尿困难，尿液浑浊；后期体温升高，脉搏急速，呼吸急促，狂躁不安，阵发性痉挛，严重时出现体温下降、昏迷、呼吸浅表、运动麻痹、括约肌松弛、四肢厥冷，因呼吸麻痹窒息而死亡。

【诊断要点】

1. 病史 有过量注射、投服或误食阿托品类药物的病史。

2. 药物诊断 将乙酰胆碱注射液给动物皮下注射，如注射后无流涎、出汗、胃肠蠕动增强现象，可考虑阿托品类药物中毒。

【治疗方案】

处方1 3%毛果芸香碱注射液，0.1～0.5毫升，皮下注射，每6小时1次，直至瞳孔缩小，口腔湿润为止。

处方2 硫酸新斯的明注射液，0.25～1毫克/次，皮下或肌内注射。

处方3　0.2%～0.5%水杨酸毒扁豆碱滴眼液，点眼，缩瞳。

处方4　速尿注射液，1～2毫升/次，肌内注射。

处方5　尼可刹米注射液，1～1.5毫升，皮下注射或肌内注射，必要时2小时后重复1次。

处方6　地西泮注射液，犬0.2～0.6毫克/千克体重，静脉注射；猫0.1～0.2毫克/千克体重，静脉注射，兴奋期选用，中枢神经抑制时禁用。

处方7　苯甲酸钠咖啡因注射液，犬0.1～0.3克/次；猫0.05～0.1克/次，皮下注射、肌内注射或静脉注射，每天1～2次，抑制期酌情选用。

处方8　林格氏液，50～80毫升/次，三磷腺苷二钠20毫克，辅酶A 50单位，肌苷100毫克，维生素C注射液0.5克，50%葡萄糖注射液10～30毫升，混合一次静脉注射。

【用药分析】　①呼吸困难可给予吸氧，高温时进行物理降温，尿潴留时可进行导尿。②多数病例经过是良好的，轻症1～2天即可痊愈，中等中毒病例只要恰当的对症治疗，一般经2～7天，预后良好。

【要点总结】　①用药过程中必须注意用药量和疗程，发现可疑情况应立即停药。②多数宠物主人在家投服阿托品类药物而出现中毒现象。因此，宠物有病应咨询宠物医生，严禁在家乱喂药。

参考文献

［1］ 王祥生．犬猫疾病防治方药手册．北京:中国农业出版社,2004.

［2］ 侯加法．小动物疾病学．北京:中国农业出版社,2002.

［3］ 胡元亮．兽医处方手册．北京:中国农业出版社,2005.

［4］ 何英,叶俊华．宠物医生手册．辽宁:辽宁科技出版社,2003.

［5］ 董军,金艺鹏．宠物疾病诊疗与处方手册．北京:化学工业出版社,2007.

［6］ 周庆国．犬猫疾病诊治彩色图谱．北京:中国农业出版社,2005.

［7］ 周庆国．犬病快速诊断与防治．广州:广东科学技术出版社,2004.

［8］ 夏咸柱．养犬大全．长春:吉林人民出版社,1993.

［9］ 高得仪．犬猫疾病学．二版．北京:中国农业大学出版社,2001.

［10］ 高得仪．养猫知识与猫病．北京:中国农业大学出版社,1987.

［11］ 宋大鲁,宋旭东．宠物急诊手册．北京:中国农业出版社,2007.

［12］ 夏兆飞．犬猫疾病诊疗技术．北京:中国农业科学技术出版社,2006.

［13］ 胥洪兰,郑小波,等．犬猫疾病诊断学．重庆:西南师范大学出版社,2006.

[14] 张泉鑫,朱印生．犬猫疾病．北京:中国农业出版社,2007.

[15] 黄利权．宠物医生实用新技术．北京:中国农业科学技术出版社,2006.

[16] 胡功政．狗猫常用药物手册．北京:中国农业科技出版社,1995.

[17] 朱模忠．兽药手册．北京:化学工业出版社,2002.

[18] ALLEICE SUMMERS(美国)．伴侣动物疾病速查．刘钟杰主译．北京:中国农业大学出版社,2004.

金盾版图书，科学实用，通俗易懂，物美价廉，欢迎选购

怎样提高养蛋鸡效益	12.00 元
蛋鸡高效益饲养技术	5.80 元
蛋鸡标准化生产技术	9.00 元
蛋鸡饲养技术(修订版)	5.50 元
蛋鸡蛋鸭高产饲养法	9.00 元
鸡高效养殖教材	6.00 元
药用乌鸡饲养技术	7.00 元
怎样配鸡饲料(修订版)	5.50 元
鸡病防治(修订版)	8.50 元
鸡病诊治 150 问	13.00 元
养鸡场鸡病防治技术(第二次修订版)	15.00 元
鸡场兽医师手册	28.00 元
科学养鸡指南	39.00 元
蛋鸡高效益饲养技术(修订版)	11.00 元
鸡饲料科学配制与应用	10.00 元
节粮型蛋鸡饲养管理技术	9.00 元
蛋鸡良种引种指导	10.50 元
肉鸡良种引种指导	13.00 元
土杂鸡养殖技术	11.00 元
果园林地生态养鸡技术	6.50 元
养鸡防疫消毒实用技术	8.00 元
鸡马立克氏病及其防制	4.50 元
新城疫及其防制	6.00 元
鸡传染性法氏囊病及其防制	3.50 元
鸡产蛋下降综合征及其防治	4.50 元
怎样养好鸭和鹅	5.00 元
蛋鸭饲养员培训教材	7.00 元

科学养鸭(修订版)	13.00 元
肉鸭饲养员培训教材	8.00 元
肉鸭高效益饲养技术	10.00 元
北京鸭选育与养殖技术	7.00 元
骡鸭饲养技术	9.00 元
鸭病防治(修订版)	6.50 元
稻田围栏养鸭	9.00 元
科学养鹅	3.80 元
高效养鹅及鹅病防治	8.00 元
鹌鹑高效益饲养技术(修订版)	14.00 元
鹌鹑规模养殖致富	8.00 元
鹌鹑火鸡鹧鸪珍珠鸡	5.00 元
美国鹧鸪养殖技术	4.00 元
雉鸡养殖(修订版)	9.00 元
野鸭养殖技术	4.00 元
野生鸡类的利用与保护	9.00 元
鸵鸟养殖技术	7.50 元
孔雀养殖与疾病防治	6.00 元
珍特禽营养与饲料配制	5.00 元
肉鸽信鸽观赏鸽	6.50 元
肉鸽养殖新技术(修订版)	10.00 元
肉鸽鹌鹑良种引种指导	5.50 元
肉鸽鹌鹑饲料科学配制与应用	10.00 元
鸽病防治技术(修订版)	8.50 元
家庭观赏鸟饲养技术	11.00 元
家庭笼养鸟	4.00 元
爱鸟观鸟与养鸟	14.50 元
芙蓉鸟(金丝鸟)的饲养与繁殖	4.00 元

画眉和百灵鸟的驯养 3.50元
鹦鹉养殖与驯化 9.00元
笼养鸟疾病防治 3.90元
养蜂技术(第二次修订版) 9.00元
养蜂技术指导 9.00元
实用养蜂技术 5.00元
简明养蜂技术手册 7.00元
怎样提高养蜂效益 9.00元
养蜂生产实用技术问答 8.00元
养蜂工培训教材 9.00元
蜂王培育技术(修订版) 8.00元
蜂王浆优质高产技术 5.50元
蜜蜂育种技术 12.00元
中蜂科学饲养技术 8.00元
蜜蜂病虫害防治 6.00元
蜜蜂病害与敌害防治 9.00元
无公害蜂产品生产技术 9.00元
蜂蜜蜂王浆加工技术 9.00元
蝇蛆养殖与利用技术 6.50元
桑蚕饲养技术 5.00元
养蚕工培训教材 9.00元
养蚕栽桑150问(修订版) 6.00元
蚕病防治技术 6.00元
图说桑蚕病虫害防治 17.00元
蚕茧收烘技术 5.90元
柞蚕饲养实用技术 9.50元
柞蚕放养及综合利用技术 7.50元
蛤蚧养殖与加工利用 6.00元
鱼虾蟹饲料的配制及配方精选 8.50元
水产活饵料培育新技术 12.00元
引进水产优良品种及养殖技术 14.50元
无公害水产品高效生产技术 8.50元
淡水养鱼高产新技术(第二次修订版) 26.00元
淡水养殖500问 23.00元
淡水鱼繁殖工培训教材 9.00元
淡水鱼苗种培育工培训教材 9.00元
池塘养鱼高产技术(修订本) 3.20元
池塘鱼虾高产养殖技术 8.00元
池塘养鱼新技术 16.00元
池塘养鱼实用技术 9.00元
池塘养鱼与鱼病防治(修订版) 9.00元
池塘成鱼养殖工培训教材 9.00元
盐碱地区养鱼技术 16.00元
流水养鱼技术 5.00元
稻田养鱼虾蟹蛙贝技术 8.50元
网箱养鱼与围栏养鱼 7.00元
海水网箱养鱼 9.00元
海洋贝类养殖新技术 11.00元
海水种养技术500问 20.00元
海水养殖鱼类疾病防治 15.00元
海蜇增养殖技术 6.50元
海参海胆增养殖技术 10.00元
大黄鱼养殖技术 8.50元
牙鲆养殖技术 9.00元
黄姑鱼养殖技术 10.00元

鲽鳎鱼类养殖技术 9.50元
海马养殖技术 6.00元
银鱼移植与捕捞技术 2.50元
鲶形目良种鱼养殖技术 7.00元
鱼病防治技术(第二次修订版) 13.00元
黄鳝高效益养殖技术(修订版) 7.00元
黄鳝实用养殖技术 7.50元
农家养黄鳝100问(第二版) 7.00元
泥鳅养殖技术(修订版) 5.00元
长薄泥鳅实用养殖技术 6.00元
农家高效养泥鳅(修订版) 9.00元
革胡子鲇养殖技术 4.00元
淡水白鲳养殖技术 3.30元
罗非鱼养殖技术 3.20元
鲈鱼养殖技术 4.00元
鳜鱼养殖技术 4.00元
鳜鱼实用养殖技术 5.00元
虹鳟鱼养殖实用技术 4.50元
黄颡鱼实用养殖技术 5.50元
乌鳢实用养殖技术 5.50元
长吻鮠实用养殖技术 4.50元
团头鲂实用养殖技术 7.00元
良种鲫鱼养殖技术 10.00元
异育银鲫实用养殖技术 6.00元
塘虱鱼养殖技术 8.00元
河豚养殖与利用 8.00元
斑点叉尾鮰实用养殖技术 6.00元
鲟鱼实用养殖技术 7.50元
河蟹养殖技术 3.20元
河蟹养殖实用技术 4.00元
河蟹科学养殖技术 9.00元
河蟹增养殖技术 12.50元
养蟹新技术 9.00元
养鳖技术 5.00元
水产品暂养与活体运输技术 5.50元
养龟技术(第2版) 15.00元
工厂化健康养鳖技术 8.50元
养龟技术问答 6.00元
节约型养鳖新技术 6.50元
观赏龟养殖与鉴赏 9.00元
人工养鳄技术 6.00元
鳗鱼养殖技术问答 7.00元
鳗鳖虾养殖技术 3.20元
鳗鳖虾高效益养殖技术 9.50元
淡水珍珠培育技术 5.50元
人工育珠技术 10.00元
缢蛏养殖技术 5.50元
牡蛎养殖技术 6.50元
福寿螺实用养殖技术 4.00元
水蛭养殖技术 6.00元
中国对虾养殖新技术 4.50元
淡水虾繁育与养殖技术 6.00元
淡水虾实用养殖技术 5.50元
海淡水池塘综合养殖技术 5.50元
南美白对虾养殖技术 6.00元
小龙虾养殖技术 8.00元
金鱼锦鲤热带鱼(第二

版） 11.00 元
金鱼(修订版) 10.00 元
金鱼养殖技术问答(第
2 版) 9.00 元
中国金鱼(修订版) 20.00 元
中国金鱼的养殖与选育 11.00 元
热带鱼 3.50 元
热带鱼养殖与观赏 10.00 元
热带观赏鱼养殖与鉴赏 46.00 元
观赏鱼养殖 500 问 24.00 元
龙鱼养殖与鉴赏 9.00 元
观赏水草与水草造景 38.00 元
七彩神仙鱼养殖与鉴赏 9.50 元
锦鲤养殖与鉴赏 12.00 元
绿毛龟养殖 2.90 元
牛蛙养殖技术(修订版) 7.00 元
美国青蛙养殖技术 4.50 元
林蛙养殖技术 3.50 元
棘胸蛙养殖技术 7.50 元
科学养蛙技术问答 4.50 元
蟾蜍养殖与利用 3.50 元
食用蜗牛养殖技术(第
二版) 4.50 元
食用蜗牛养殖及加工技
术 7.00 元
白玉蜗牛养殖与加工 3.50 元
蚯蚓养殖技术 6.00 元
经济蛇类的养殖与利用 7.50 元
养蛇技术 5.00 元
人工养蝎技术 6.00 元
蜈蚣养殖技术 5.00 元
药用地鳖虫养殖(修订版) 6.00 元

黄粉虫养殖与利用(修订
版) 6.50 元
药用昆虫养殖 6.00 元
药用动物养殖与加工 12.00 元
药用动物原色图谱及
养殖技术 53.00 元
农家科学致富 400 法
(第三次修订版) 40.00 元
科学养殖致富 100 例 9.00 元
农民进城务工指导教材 8.00 元
新农村经纪人培训教材 8.00 元
农村经济核算员培训教
材 9.00 元
农村规划员培训教材 8.00 元
农村气象信息员培训教
材 8.00 元
农村电脑操作员培训教
材 8.00 元
农村企业营销员培训教
材 9.00 元
农资农家店营销员培训
教材 8.00 元
城郊农村如何搞好人民
调解 7.50 元
城郊村干部如何当好新
农村建设带头人 8.00 元
城郊农村如何维护农民
经济权益 9.00 元
城郊农村如何办好农民
专业合作经济组织 8.50 元
城郊农村如何办好集体
企业和民营企业 8.50 元

城郊农村如何搞好农产品贸易　6.50元

城郊农村如何搞好小城镇建设　10.00元

城郊农村如何发展畜禽养殖业　14.00元

城郊农村如何发展果业　7.50元

城郊农村如何发展观光农业　8.50元

农村政策与法规　17.00元

农村土地管理政策与实务　14.00元

农作制度创新的探索与实践论文集　30.00元

农产品深加工技术2000例——专利信息精选（上册）　14.00元

农产品深加工技术2000例——专利信息精选（中册）　20.00元

农产品深加工技术2000例——专利信息精选（下册）　19.00元

农产品加工致富100题　19.50元

肉类初加工及保鲜技术　11.50元

腌腊肉制品加工　9.00元

熏烤肉制品加工　7.50元

溏心皮蛋与红心咸蛋加工技术　5.50元

玉米特强粉生产加工技术　5.50元

炒货制品加工技术　10.00元

二十四节气与农业生产　8.50元

农机维修技术100题　8.00元

农村加工机械使用技术问答　6.00元

农用动力机械造型及使用与维修　19.00元

常用农业机械使用与维修　15.00元

水产机械使用与维修　4.50元

食用菌栽培加工机械使用与维修　9.00元

农业机械田间作业实用技术手册　6.50元

谷物联合收割机使用与维护技术　15.00元

播种机械作业手培训教材　10.00元

收割机械作业手培训教材　11.00元

耕地机械作业手培训教材　8.00元

农村沼气工培训教材　10.00元

以上图书由全国各地新华书店经销。凡向本社邮购图书或音像制品，可通过邮局汇款，在汇单“附言”栏填写所购书目，邮购图书均可享受9折优惠。购书30元（按打折后实款计算）以上的免收邮挂费，购书不足30元的按邮局资费标准收取3元挂号费，邮寄费由我社承担。邮购地址：北京市丰台区晓月中路29号，邮政编码：100072，联系人：金友，电话：（010）83210681、83210682、83219215、83219217（传真）。